Nicole Weber

EQUIHYPNOSE®

Wege aus der Angst beim Reiten

Müller Rüschlikon

Einbandgestaltung: R2 I Ravenstein, Verden

Titelfoto: Rebecca Spöring
Bilder auf der Umschlagrückseite: Michelle Schlicker (oben), Rebecca Spöring (unten)

Bildnachweis:
© Horseman / Fotolia.com: S. 19; © Taylon / Fotolia.com: S. 24; © Powell83 / Fotolia.com: S. 83; © Skumer / Fotolia.com: S. 30, 31; © Roman Bodnarchuk / Fotolia.com: S. S. 32; © Tatomm / Fotolia.com: S. 35; © Nadine Haase / Fotolia.com: S. 37; © Maytii / Fotolia.com: S. 41; MEV-Verlag: S. 89, 96, 103, 107; Anke Paulmann: S. 3, 20; Stefan Julius Römer: S. 154; Michelle Schlicker: S. 4, 16, 43, 50, 51, 61, 62, 63, 66, 67, 68, 70, 72, 73, 74, 75, 84, 88, 90, 91, 100, 105, 109, 110, 112, 114, 115, 116, 117, 118, 120, 122, 124, 125, 126, 128, 150/151; Rebecca Spöring: S. 8, 10, 13, 14, 45, 56, 57, 60, 134, 152/153; Archiv Weber: S. 21, 40, 44, 49, 52, 53, 55, 58, 79, 80, 81, 87, 98, 136/137, 141, 142, 144, 146, 147, 148; Maren Weber: S. 38, 39, 54, 78, 156; Bea Wild: S. 9

Eine frühere Ausgabe dieses Buches ist unter der ISBN 978-3-275-02153-6 erschienen.

ISBN 978-3-275-02369-1

Postfach 103743, 70032 Stuttgart
Ein Unternehmen der Paul Pietsch Verlage GmbH & Co. KG

1. Auflage 2026

Sie finden uns im Internet unter **www.mueller-rueschlikon-verlag.de**

Gesamtleitung + Lektorat: Claudia König
Innengestaltung: Kornelia Erlewein
Druck und Bindung: Graspo CZ, 76302 Zlin
Printed in Czech Republic

Wichtiger Hinweis:
Niemals ohne Helm. In diesem Buch wirst Du einige Bilder finden, auf denen die Reiterin keinen Reithelm trägt. Zur eigenen Sicherheit sollte jede Reiterin/jeder Reiter einen Reithelm tragen, dies wird auch ausdrücklich von der Autorin empfohlen.

Danksagung

Es gibt Menschen, ohne die dieses Buch nie entstanden wäre. Ich möchte mich bedanken bei Ute Flockenhaus: »Danke für das tolle Seminar und Deine wertvolle Hilfe beim Schreiben.« Herzlichen Dank Stéphane Etrillard, unermüdlicher Mentor, Denker und Querdenker, für Deinen Glauben in meine Projekte und alles, was ich von Dir lernen durfte und darf, und natürlich für Dein immerwährendes Drängen, Bücher zu schreiben.

Herzlichen Dank Bettina Baldin, Freundin, Trainerin, weltbestes Fotomodell, Du begleitest mich und meine Pferdchen seit Jahren und ich bin Dir für so viele Dinge dankbar! Bei Michelle Schlicker bedanke ich mich für die schönen Fotos und die gute Zusammenarbeit.
Herzlichen Dank an Angelika Engberg für wundervolle Einführungen in die Welt des Centered Riding: »Jedes Seminar mit Dir öffnet meine Augen weiter.« »Liebe Jenny, lieber Peer, ich freue mich, dass wir uns kennen gelernt haben. Danke für Euren Beitrag zu diesem Projekt.« Claudia Weingand danke ich herzlich für ihre Rückmeldung nach dem Lesen des Exposés. Auch ohne Dich hätte es dieses Buch nicht gegeben. Claudia König und dem ganzen Team von Müller Rüschlikon danke ich von Herzen. Danke, dass Ihr dieses Buch in die Welt bringt! Lieben Dank für herzliche Telefonate, Geplauder und wichtige Informationen.

Meinen vielen Klienten und ihren Pferden bin ich dankbar dafür, dass ich sie auf ihren Wegen aus der Angst begleiten durfte. Ohne Euch hätte ich nichts zu schreiben gehabt. Ich danke meiner Familie für ihren Rückhalt. Ich bin dankbar, dass ich in einem Umfeld aufwachsen durfte, in dem Bücher wichtig sind und es Vorbilder gibt, die nach ihren eigenen Werten leben. Jamesy James, weltbeste Hundeseele, Du hast mir die Augen für vieles geöffnet und die Erinnerung an Dich war beim Schreiben lebendig. Schnuppi und der Hase, das kleine Hundekind und die Miezen haben auch ihren Beitrag geleistet.

Und am allerwichtigsten: Maren. Du glaubst an mich und hältst mir den Rücken frei und sorgst dafür, dass ich nicht verhungere. Ich könnte mir niemand besseren an meiner Seite wünschen, der mich auf all meinen Abenteuern treu und liebevoll begleitet. Letztendlich ist dieses Buch für Dich. Ich gebe die Hoffnung nicht auf, dass wir eines Tages gemeinsam ausreiten.

Inhalt

Dieser Link führt Dich zu den in diesem Buch enthaltenen Medien. Die QR-Codes zu den Audios und Videos findest Du auch bei den Übungen.

Teil 2

Vorwort von Jenny Wild & Peer Claßen

Nicole Weber

Wir haben Nicole Weber auf einer großen Pferdemesse in Hannover kennen gelernt. Schon beim ersten Kontakt stellte sich heraus, wie sehr wir auf einer Wellenlänge liegen, auch wenn wir in ganz unterschiedlichen Bereichen arbeiten. Der gemeinsame Nenner ist, dass wir uns Tag für Tag dafür einsetzen, das Zusammensein von Pferd und Mensch sicherer und harmonischer zu gestalten. Pferde sind als Fluchttiere sehr leicht zu verunsichern und Fluchttierreaktionen machen uns Menschen Angst. Das führt auf beiden Seiten zu einer Vielzahl von Unsicherheiten und Abwehrverhalten, die es aufzulösen gilt, um ein Gegeneinander in ein Miteinander zu verwandeln.

Unser Schwerpunkt liegt dabei auf der Verhaltensebene. Das Kernstück unserer Arbeit mit Pferden und Menschen bilden die zwei Begriffe Fokus und Energie. Der Fokus ist unsere Konzentration, unsere innere und äußere Blickrichtung, unsere Klarheit. Die Energie bestimmt, wie sich der Fokus für uns und das Pferd anfühlt: stark oder schwach, viel oder wenig, gezielt oder verteilt etc. Doch der eigentlich wichtigste Bereich ist leider derjenige, den wir am schwersten vermitteln und am wenigsten beeinflussen können: die emotionale Energie. Sicher können wir sie durch Bilder und Beispiele erklären und umschreiben, können vormachen, was wir meinen – und oft funktioniert das auch. Aber einen direkten Zugang zu den inneren Prozessen unserer Schüler haben wir nicht. Ja nicht einmal zu unseren eigenen. Unsicherheiten, Frust, aber auch Freude und Gleichmut kommen und gehen scheinbar wie und wann sie wollen.

Und genau hier greift der Ansatz von Nicole Weber. Sie hat diesen unmittelbaren Zugang, sie findet den direkten Weg zu den Schaltzentralen des Unbewussten und Unterbewussten. Ihre Methoden bringen die positiven Energien wieder in Fluss und setzen Potentiale frei.

Auch wir konnten uns schon am eigenen Leib von ihren Fähigkeiten überzeugen. Ganz ohne Schnickschnack gibt sie einfach, ehrlich und authentisch genau da Hilfestellung, wo sie nötig ist. Beeindruckt haben uns einerseits die Offenheit, mit der sie Ursachen und Wirkungsweisen erklärt, und andererseits das Gesamtpaket, in dem auch das Pferd und die Interaktion mit ihm eine entscheidende Rolle spielt.

Echte Hilfe kann es nur geben, wenn man alle Faktoren einer Gleichung mit einbezieht, und so darf in

Ihre Jenny & Ihr Peer

diesem Fall auch das Verständnis für das Pferd nicht zu kurz kommen. Pferd und Reiter beeinflussen sich pausenlos gegenseitig. Um in einer angstfreien und offenen Atmosphäre zusammenarbeiten zu können, muss man wissen wie und wieso sich Pferde von uns mental und emotional beeinflussen lassen. Denn nur dann kann echte Partnerschaft entstehen. Pferde haben alle ihre eigene Persönlichkeit, sind aber gleichzeitig hochsensibel gerade auf feinste Veränderungen ihres Gegenübers, sei es nun ein Raubtier, ein Artgenosse oder eben ein Mensch. So ist es geradezu unsere Pflicht, uns um innere Stärke, Kraft und Sicherheit zu kümmern, wenn wir den Pferden gerecht werden wollen. Für das Pferd ist es nämlich am wichtigsten, einen handlungsfähigen, starken und verlässlichen Partner an seiner Seite zu haben. Hat es den, wird es ihm bereitwillig seine Fähigkeiten zur Verfügung stellen.

Herkömmliche Trainingsmethoden haben jedoch ihren Ursprung leider häufig in Unsicherheiten. Wozu sonst sind Hengstketten, scharfe Gebisse und harte Hände gut? Doch nicht nur Kontrollsucht aus Angst um Leib und Leben, sondern auch Geltungsbedürfnis, Prüfungsstress und Leistungsdruck sind am Ende nichts anderes als Spielarten verschiedener Ängste. Sie alle verführen dazu, gegen das Pferd zu arbeiten statt mit ihm.
Nicole Weber bietet Ihnen hier eine Anleitung zur Selbsthilfe. Sie zeigt Wege auf, wie Sie sich selbst aus der Angstspirale befreien können. Das Buch macht also Mut – nicht nur im übertragenen Sinne. Durch die Übungen zur Selbsthypnose können Sie für den gemeinsamen Erfolg verschiedenste Unsicherheiten hinter sich lassen. Sie werden so zu genau dem Partner, den sich Ihr Pferd wünscht. Die Übungen leisten Ihnen daher in Wahrheit einen weit größeren Dienst, als Sie glauben und werden noch lange nachwirken.

Einleitung

Angst ist ein Gefühl, das jeder Mensch kennt. Es ist ein Gefühl, das für unser Überleben notwendig ist. Gleichzeitig kann es uns in tiefes Leid stürzen, wenn es dafür sorgt, dass wir nicht mehr tun können, was uns Freude macht.

Fast jeder Reiter hat in der einen oder anderen Situation mit seinem Pferd schon einmal Angst gespürt. Das ist absolut normal und, so lange die Angst wieder geht, auch nicht weiter schlimm. Wenn die Angst jedoch beginnt mitzureiten und unser Zusammensein mit dem Pferd durch die Angst bestimmt wird, muss etwas geschehen.
Wie viele Reiter hören dann: »Da musst Du drüber wegreiten« oder »lass Dein Pferd nicht spüren, dass Du Angst hast«. Als sei die Angst etwas in uns, dass wir willentlich »töten« könnten. Auch ist unser Pferd nicht so dumm, dass es sich von unseren Versuchen, unsere Gefühle zu verstecken, täuschen lassen würde. Unsere Pferde sind Gefühlsseismographen; sie nehmen selbst die Gefühle wahr, die wir vor uns selbst verstecken. Deswegen sind sie für die psychotherapeutische Arbeit so unendlich wertvoll. Und deswegen werden Pferde auch auf Deine Ängste reagieren. Dies kann ganz unterschiedlich aussehen. Nachdem Du dieses Buch gelesen hast, wirst Du auch darüber mehr wissen.
Was aber soll man tun, wenn die Angst einfach nicht gehen will und man die Beziehung zu den Pferden nicht an den Nagel hängen möchte? Nun, wie immer ist der erste Schritt, sich einzugestehen, dass man ein Problem hat. Das hast Du bereits erfolgreich getan, ansonsten hieltest Du nicht dieses Buch in Deinen Händen.

Das Anliegen dieses Buches ist es, Dir Wege aus Deiner Angst zu zeigen. Da Angst ein Gefühl ist, das Du bewusst kaum kontrollieren kannst (denn ansonsten hättest Du es längst getan), ist es wichtig, Dein Unterbewusstsein davon zu überzeugen, dass die Angst unnötig ist. So lernst Du, Dich in Situationen sicher zu fühlen, die Deine physische oder psychische Unversehrtheit nicht bedrohen.
Das Ziel des Buches ist es nicht, dass Du nie wieder Angst hast. In Situationen, die tatsächlich gefährlich sind, solltest Du weiterhin Angst spüren. Ziel des Buches ist es, Dich Dein Hobby und Deine Partnerschaft mit Deinem Pferd wieder genießen zu lassen. Veränderst Du Dich, verändert sich Dein Pferd. Hier liegen gleichzeitig die Ursache wie auch die Lösung für viele Probleme mit unserem Partner. Mithilfe der Übungen, den Videos und den MP3s wirst Du Dich verändern und dies wird auch das Verhalten Deines Pferdes ändern.

Ich wünsche Dir viel Spaß beim Lesen und Umsetzen! Ganz besonders wünsche ich Dir eine harmonische Partnerschaft mit Deinem Pferd.

Danken möchte ich all den vierbeinigen Wegbegleitern, die mich immer wieder zurück auf meinen Weg geführt haben. Insbesondere Gitano, mein PRE-Lusitano-Mix, dem ich mein Leben und die Gesundheit meines Herzens verdanke. Ich wünsche mir noch viele glückliche Jahre mit dieser Pferdeseele, die als Steiger zu mir kam und nun mit seinen Einfällen mein Leben bereichert. Er ist mir seit Jahren ein guter Therapeut und zeigt mir immer ganz genau, wenn etwas nicht stimmt.

Dir, liebe Leserin und lieber Leser, alles Liebe auf Deinem Weg, den ich mit diesem Buch und dem Zusatzmaterial ein Stück weit begleiten darf.

Deine

Nicole Weber

Wie dieses Buch zu benutzen ist

Ich möchte Dir noch das eine oder andere erklären, bevor Du dieses Buch zu lesen und damit zu arbeiten beginnst. Vielleicht wunderst Du Dich, dass ich Dich mit dem persönlichen Du anspreche. Normalerweise werden Bücher anders geschrieben und Autoren siezen ihre Leser. Ich fand das für dieses Buch nicht passend, denn ich möchte gerne einen persönlichen Bezug zu Dir aufbauen, und nicht nur Du als bewusste Person sollst Dich angesprochen fühlen, sondern auch Dein Unterbewusstsein. Mit dem Du funktioniert das deutlich besser als mit dem Sie, denn so fühlst Du Dich intensiver angesprochen und wirst stärker beteiligt. Es geht hier ja um Dich. Um das, was Du Dir wünscht und was Du verändern möchtest. Und ich werde bei allem, was ich Dir schreibe, darauf achten, wie ich es schreibe. Denn bereits mit diesem Text können sich Veränderungen für Dich ergeben, weil ich darauf achte, dass auch Dein Unterbewusstsein sich angesprochen fühlt und bereits alles, was ich schreibe, hypnotisch wirken kann, wenn Du dies möchtest.

Deine Veränderungen haben bereits begonnen. Du hast dieses Buch vermutlich gekauft, weil Du es leid bist, Dein Hobby, Deine Leidenschaft ohne Freude auszuüben. Du willst eine Veränderung. Du bist bereit für diese Veränderung; Du hast Geld in die Hand genommen, zugegebenermaßen lange nicht so viel, wie eine Sitzung bei mir kosten würde, und Du bist bereit zu tun, was ich Dir im Folgenden alles empfehle. Damit hast Du Dir ein Ziel gesetzt und bereits jetzt die Veränderungen in Deinem Leben in Gang gesetzt. Du weißt aber auch, dass nur Du dafür sorgen kannst, dass diese Veränderung sich weiter fortsetzt. Wir werden gemeinsam Deine Angst ergründen, und ich werde Dir zeigen, was Du für Dich selbst tun kannst. Du wirst Dich mit jedem Tag besser und immer besser fühlen.

Im ersten Teil des Buches geht es um die Theorie, das heißt aber nicht, dass Du diesen Teil überspringen solltest. Ich möchte Dir erklären, wie Ängste entstehen, welche Ursachen sie haben und warum Dein Pferd Dich spiegelt. Ein paar Dinge darüber hinausgehend spreche ich auch noch an.

Der zweite Teil erfordert aktives Tun. Dort erfährst Du, was Du tun kannst, um Deine Ängste hinter Dir zu lassen. Dazu gebe ich Dir alles an die Hand, was Du wissen musst und was Dich auf Deinem Weg aus der Angst unterstützt. Ich habe für Dich nicht nur fotografisch festgehalten, wie die Übungen aussehen sollen, sondern dazu auch Videos für Dich gedreht. In der heutigen Zeit haben wir die Technik, die uns ermöglicht, dass Du genau siehst, wie Du etwas nachmachen kannst. Du wirst Selbsthypnose lernen. Ich habe Dir die Anleitungen auch aufgesprochen – Du findest Hypnose-MP3s, die Dich auf Deinem Weg unterstützen. So wirst Du also nicht nur Dich selbst hypnotisieren, sondern auch von mir hypnotisiert werden, wenn Du dies möchtest. Auf gewisse Ängste, die Du in Bezug auf die Hypnose haben könntest, gehe ich in Teil 2 ein. Wenn Du Dir unsicher bist, ob Hypnose für Dich sinnvoll ist, weil Du an einer chronischen Erkrankung wie Epilepsie leidest oder schon einmal eine Psychose hattest, frage bitte Deinen behandelnden Arzt.

Kein Reiter ist perfekt …

Wünschen wir uns nicht alle eine harmonische Partnerschaft?

Wenn Du irgendwann beim Lesen das Gefühl bekommst, dass Deine Ängste vielleicht doch organischen Ursprungs sind, such bitte auch unbedingt einen Arzt auf. Auch wenn Dir bewusst werden sollte, dass die Ursachen der Angst zu schwer für Dich zu tragen sind, such Dir ärztliche oder psychotherapeutische Hilfe.
Mithilfe der Hypnose-MP3s kann die positive Veränderung noch tief greifender sein, weil Du Dich dabei noch mehr in Trance sinken lassen kannst. Allerdings reicht es normalerweise nicht nur, diese zu hören. Mache also auch die Selbsthypnose und die anderen Übungen, so kommst Du so schnell wie möglich ans Ziel und erfährst nachhaltige Veränderungen. Denn ich habe dieses Buch so aufgebaut, dass alles ineinandergreifen kann und Du auch davon profitierst, wenn Du weitere Ängste hast.

Dieses Buch ist für Dich, wenn Du Angst hast vor dem Ausreiten oder beim Springen. Aber auch, wenn Du schon lange nicht mehr galoppiert oder getrabt bist. Dieses Buch ist genauso für Dich, wenn ans Aufsteigen schon lange nicht mehr zu denken ist. Auch das kannst Du überwinden. Dieses Buch ist selbst dann für Dich, wenn Du bereits Angst vor dem Spazierengehen mit Deinem Pferd oder beim Umgang mit ihm hast. Alle späteren Übungen und Selbsthypnosetechniken kannst Du beim Reiten, aber auch beim Umgang mit Deinem Pferd umsetzen.

Ich habe dieses Buch auch für Dich geschrieben, wenn Du Trainerin bist und Deinen Schülern besser helfen möchtest. Beachte jedoch bitte, dass ich in den folgenden Kapiteln vor allem jene anspreche, die selbst Angst haben. Du wirst beim Lesen das eine oder andere rausziehen können, mit dem Du Deine SchülerInnen unterstützen kannst. Nur vom Hypnotisieren anderer lass bitte die Finger; das lernt man am besten persönlich, und gerade Ängste gehören in erfahrene Hände.

Solltest Du beim Lesen dieses Buches feststellen, dass Dich Hypnose stärker interessiert, wende Dich gerne an mich, ich bilde regelmäßig Hypnotiseure und Hypnosetherapeuten aus und weiter.

Ich wiederhole Zusammenhänge öfter, weil sie sich dann besser festsetzen. Wenn Dir also irgendwann auffällt, dass Du etwas Bestimmtes bereits gelesen hast, freue Dich, dass es hängen geblieben ist. Mit jeder Wiederholung festigt es sich mehr.

Es empfiehlt sich, ein Notizheft parat zu haben, damit Du für Dich wichtige Dinge notieren kannst. Du wirst dieses auch für die eine oder andere Übung brauchen.

Du hast im Leben gelernt, in bestimmten Situationen mit Angst zu reagieren. Zum Glück können wir auch alles wieder verlernen. Du bist kein hoffnungsloser Fall! Lass Dir das von niemandem einreden. Es wird Dich Mühe kosten, Deine Angst zu überwinden. Niemand hat gesagt, dass es reicht, dieses Buch zu lesen, damit Deine Angst wie durch Zauberhand verschwindet. Aber Du brauchst auch keine Sorge zu haben, dass es Jahre dauert, sie zu überwinden. In den meisten Fällen sprechen wir von Tagen bis Wochen, bis Du eine deutliche Verbesserung spürst. Es ist Deine Angst, Du hast die Macht und die Fähigkeiten, sie auch hinter Dir zu lassen. Du kannst Dich jetzt auf den Weg machen in ein neues Lebensgefühl, dabei ist egal, wie lange Deine Angst bereits besteht oder wie alt Du bist. Alles, was Du dafür brauchst, findest Du in den folgenden Kapiteln. Ich habe es für Dich zusammengestellt, tun musst Du es selbst.

So, nun mach Dich auf den Weg und lass Dich dabei von mir leiten und begleiten in Deine innere Welt, wo es um Dich und Dein Problem geht, dort wirst Du die Lösungen finden und den Weg zurück zur Freude am Reiten.

Teil 1

»Man braucht nichts im *Leben* zu fürchten,
man muss nur alles *verstehen*.«

Marie Curie

1.0 Entstehung und Ursachen von Reitangst

Stellst Du Dir manchmal die Frage, wie es so weit kommen konnte, dass Du Angst beim Reiten oder auch im Umgang mit Deinem Pferd hast? Du bist absolut nicht allein damit. Sehr viele Reiter haben irgendwann in ihrem Leben beim Reiten bereits Angst verspürt. Vielleicht kennst Du selbst andere Reiter, die es geschafft haben, diese Ängste wieder zu überwinden. Das kannst Du auch!

Vielleicht hast Du schon oft gehört, dass Du über Deine Angst hinwegreiten sollst. Vielleicht hast Du auch gehört, dass Du Dein Pferd Deine Angst nicht spüren lassen sollst. Vermutlich hast Du beides versucht und es hat nicht funktioniert. Pferde kann man nicht belügen. Pferde sind Gefühlsseismographen. Der erste Ratschlag hingegen, über die Angst hinwegzureiten, kann funktionieren. Wenn Du weißt wie.

Doch leider haben oftmals gerade diejenigen, die solche Ratschläge erteilen, gar keine Ahnung davon, wie man Ängste hinter sich lässt. Wenn Du hörst, dass Du einfach darüber wegreiten sollst, nach dem Motto »Nun galoppiere doch endlich, Du wirst schon merken, dass Du nicht fällst.«, wird dies vermutlich nicht dafür sorgen, dass Du dem nächsten Galopp mit mehr Mut entgegensiehst. Stattdessen fragst Du Dich vielmehr, ob Du eine gute Reiterin oder ein guter Reiter bist.

Leider kann dieser Rat sogar für noch mehr Angst sorgen, wenn er von jemandem kommt, der nicht weiß, was er tut. Neulich erzählte mir eine Klientin, dass eine ehemalige Trainerin sie zu einem zweistündigen Ausritt gezwungen hat, mit der Aussage: »Danach weißt Du, dass Du keine Angst zu haben brauchst.«

In der Verhaltenstherapie hat dieser Ansatz durchaus seine Berechtigung. Da werden solche Auseinandersetzungen mit dem angstmachenden Moment jedoch gründlich vorbereitet und von einem Verhaltenstherapeuten begleitet. Und das Wichtigste dabei: Es passieren keine weiteren schrecklichen Dinge.

Meine Klientin erzählte, dass ihr Pferd sich bei diesem Ausritt erschrocken hatte und durchgegangen war. Die Trainerin hatte keinen Einfluss auf das Pferd meiner Klientin und schlussendlich fiel meine Klientin vom Pferd. Seitdem ist sie nicht mehr aufgestiegen. Sie sagte, dieser Ausritt hätte sie retraumatisiert und sie habe jedes Vertrauen in ihre Trainerin verloren. Dies kann ich sehr gut verstehen.

Ich bin der Meinung, dass man sich, wenn man Menschen mit ihren Problemen helfen möchte, doch zumindest mit den Grundkenntnissen der Psychologie auskennen sollte. Auch sollte man wissen, wie diese Probleme gelöst werden und Problemlösungen auch schon öfter erfolgreich durchgeführt haben. Ich finde es in der Tat verantwortungslos, wenn Reitschüler zu Versuchskanin-

Niemand ist vor Stürzen und niemand ist vor Ängsten gefeit.

chen von Trainern werden, so wie in dem beschriebenen Fall. Dazu kommt noch etwas anderes: Die Behandlung von Ängsten gehört in Deutschland in die Hände von Menschen mit einer Heilerlaubnis, denn eine solche Behandlung ist immer eine Therapie und therapieren dürfen nur Ärzte, Psychologische Psychotherapeuten und Heilpraktiker. In Bezug auf den Sport tummeln sich mittlerweile sehr viele Coaches und Mentaltrainer, die auch vor dem Thema Angst nicht Halt machen. Streng genommen dürfen sie jedoch Ängste nicht behandeln. Das heißt nicht notwendigerweise, dass sie es nicht könnten, aber sie dürfen es nicht. Tun sie es doch, lehnen solche Coaches und Mentaltrainer sich sehr weit aus dem Fenster.

Die Reiter, die noch nie Angst hatten, denken oftmals, Angst hätte etwas mit mangelndem Können zu tun. Ich habe schon oft gehört, dass ängstlichen Reitern genau dies unterstellt wurde. Angst hat jedoch nichts mit mangelndem Können zu tun.
Niemand ist vor Angst gefeit. Ob Du nach einem Sturz wieder aufs Pferd steigst, ist nicht davon abhängig, ob

Du die Technik des Reitens beherrscht. Es hängt davon ab, wie Du diesen Sturz verarbeitest und auf was für einen Boden dieses Erlebnis fällt. Wenn Du eine Mutter bist, hast Du wahrscheinlich Deine Kinder im Hinterkopf, die versorgt werden müssen. Die Natur hat es schlau eingerichtet, dass Du in der Folge etwas vorsichtiger sein wirst.

Auch Berufsreiter, die international reiten, können Ängste entwickeln. Mag sein, dass Du noch nie davon gehört hast. Glaub mir, es liegt nicht daran, dass es diese nicht gibt. Vielmehr mag es daran liegen, dass es nicht gerne zugegeben wird, wenn man Angst hat. Menschen, die im Mittelpunkt stehen, z.B. weil sie sportliche Vorbilder sind, stehen auch schnell im Mittelpunkt, wenn es um Kritik geht. Diese ist nicht immer gerechtfertigt. Gerade wenn es um Ängste geht, mögen andere versuchen, sich über diese Menschen zu erheben. Jeder, der zwar keine Angst hat, aber ein schlechtes Selbstwertgefühl, könnte sich dann besser fühlen, weil es etwas gibt, was er dem anderen voraushat. Ich verstehe durchaus, dass bekannte Trainer oder Berufsreiter nicht aussprechen, dass sie sich Hilfe geholt haben, weil sie es alleine nicht geschafft haben, sich von ihren Ängsten in Bezug auf das Reiten zu befreien. Es kann durchaus am Image kratzen. Die Berufsreiter und Trainer, mit denen ich gearbeitet habe, gehen damit auch nicht hausieren. Mein Name wird unter dieser Klientel eher unter der Hand weitergegeben. Ich finde es jedoch wichtig, dass Du weißt: Du bist nicht alleine mit Deiner Angst. Im Gegenteil: Du bist in guter Gesellschaft von fantastischen und sensiblen Reitern und einfühlsamen Trainern. Das, was Dich mit diesen Pferdemenschen verbindet, die sich ihren Ängsten stellten, sind genau diese Eigenschaften.

Nur weil Du sensibel und einfühlsam bist, konntest Du Ängste entwickeln, und nur weil Du sensibel und einfühlsam bist, kannst Du Deinem Pferd ein toller Partner sein.

Menschen mit Angst werden leider oftmals von denen ohne Angst belächelt. In meinen Augen spricht das nicht unbedingt für deren Sensibilität oder Empathie. Ich beobachte zum Beispiel häufig in den sozialen Medien, wie manch einer sich da über andere zu erheben versucht. Wenn ich einen Workshop gegen Angst ankündige, gibt es immer einige, die gehässige Kommentare abgeben. Ich bin der Meinung, das zeigt nur, wie wenig Ahnung diese Menschen zu diesem Thema haben. Aber es liegt auch daran, wie in vielen Reitschulen heute noch unterrichtet wird. Viele Reitlehrer wissen nicht, wie sie mit Reitschülern umgehen sollen, die Angst haben – schließlich war es nicht Teil der Trainerausbildung.

Wie dem auch sei, vielleicht warst Du früher ein sehr mutiger Reiter und bist die wildesten Pferde geritten und kannst nun so gar nicht verstehen, was sich geändert hat.

Das Steigen eines Pferdes muss dem Reiter nicht unbedingt Angst machen. Das Lächeln der Reiterin zeigt das.

Vor so manchem, das uns in freier Wildbahn begegnet, möchten nicht nur die Pferde fliehen.

Vielleicht warst Du auch schon immer eher ängstlich und hast Dich nie als mutigen Reiter bezeichnet. Wenn das Letztere auf Dich zutrifft, möchte ich, dass Du weißt, dass Ängstlichkeit nicht Teil des Charakters ist. Du wirst nicht als ängstlicher Mensch geboren. Du erlernst die Angst. Was hinter dem Gefühl von Angst steckt, ist Kontrollverlust. Beim Reiten spielt dieser Kontrollverlust eine besonders große Rolle, schließlich haben wir mit einem Pferd ein Fluchttier als Partner, das sich im Zweifelsfall schnell aus der Gefahrenzone bringen möchte. Dieser Partner hat jedoch auch eigene Gefühle und vor allem einen eigenen Kopf, also können wir nicht immer unbedingt die Kontrolle behalten. Das macht es etwas schwieriger als bei anderen Ängsten. Es ist aber erlernbar, in schwierigen Momenten einen ruhigen Kopf und eine ruhige Ausstrahlung zu behalten und somit positiv auf die Situation und das Pferd einzuwirken.

Was die Angst Dir sagen will

Grundsätzlich haben Ängste zwei Komponenten. Die erste ist die Ursache, welche die Angst hat entstehen lassen, die zweite Komponente ist die Aufrechterhaltung der Angst.

Du kennst das sicher:
Du denkst daran, dass Du später noch in den Stall fahren wirst. Dein Pferd könnte mal wieder geritten werden, denn in der letzten Zeit hast Du Dich etwas darum gedrückt. Du siehst aus dem Fenster und stellst fest, dass es windig ist. Dabei geht Dir durch den Kopf, dass Dein Pferd bei Wind schreckhafter ist als sonst. Neulich ist doch auch mal eine Decke von der Bande geflogen als es windig war. Du bist zu dem Zeitpunkt gerade an der Hallentür vorbeigegangen und hast gesehen, wie ein Pferd in der Halle zur Seite sprang. Die Reiterin blieb oben und schimpfte kurz, und Du warst froh, dass es nicht Dich und Dein Pferd getroffen hatte. Im Moment reitest Du ja lieber in der Halle als auf dem Platz. Nur fragst Du Dich jetzt, ob es nicht besser wäre, heute auf das Reiten zu verzichten, schließlich fühlst Du Dich jetzt, wo Du so darüber nachdenkst, gar nicht gut.

Du hast Angst vor der Angst, und Deine Überlegungen haben dafür gesorgt, dass Deine Ängste und Sorgen zugenommen haben. Wenn wir über solche Dinge nachdenken, passiert es ganz schnell, dass wir in eine Art Angstspirale geraten. Diese Gedanken sorgen jedoch dafür, dass unsere Ängste aufrechterhalten werden. Wir trainieren unsere Angst, so dass sie schneller verfügbar und stärker ausgeprägt ist. Eigentlich genau das Gegenteil von dem, was wir erreichen wollen.

Diese Gedankenstrudel, in denen wir uns recht intensiv ausmalen, was so alles passieren könnte, ist im Grunde genommen eine negative Selbsthypnose. Wenn wir uns etwas intensiv ausmalen, gehen wir in Trance. In diesem Zustand sind wir besonders aufnahmefähig, unser Gehirn ist am veränderbarsten und wir lernen am schnellsten. Eigentlich eine gute Sache – aber nicht, wenn es um Angst geht.
Ich möchte, dass Du weißt, dass Du, aufgrund Deiner guten Vorstellungskraft und Sensibilität, besonders leicht in Trance gehst und auch sehr suggestibel (Aufnahmefähig für Suggestionen) bist. Diese gute Trancefähigkeit und Suggestibilität sind gleichzeitig Segen und Fluch. Den Fluch daran habe ich bereits zu erklären versucht. Mit Deiner Fantasie und Deiner guten Vorstellungskraft rund um Deine Ängste sorgst Du dafür, dass Du schneller und stärker Angst empfinden kannst. Der Segen jedoch ist, dass es dadurch auch leicht ist, Deine Ängste hinter Dir zu lassen. Du musst nur einen Weg finden, Deine Vorstellungskraft zu Deinem Vorteil zu nutzen. Diesen Weg zeige ich Dir in den nächsten Kapiteln. Weiterhin bist Du danach auch in der Lage, diese gute Vorstellungskraft für alle weiteren Ziele in Deinem Leben zu nutzen.

Körperliche Symptome

Angst ist ein Gefühl, das unser Überleben sichern soll. Wir spüren es körperlich, wenn die Angst all unsere Energiereserven mobilisiert. Damit wir schnell flüchten oder kämpfen können, wird unser System mit Stresshormonen geflutet. Adrenalin, Noradrenalin und Cortisol machen uns wach und aufmerksam. Diese Hormone sorgen auch dafür, dass wir Schmerzen nicht sofort wahrnehmen, sollte uns etwas zustoßen. Die Atemfrequenz beschleunigt sich, um die Muskulatur mit mehr Sauerstoff zu versorgen. Der Herzschlag wird deutlich schneller, damit mehr Blut zu den großen Muskelgruppen und den inneren Organen gepumpt werden kann. Um einen größeren Blutdurchfluss zu erlauben, weiten sich auch die Blutgefäße in den Beinen. Aus diesem Grund bekommst Du wackelige Beine. Die höhere Anspannung in der Muskulatur kann dafür sorgen, dass Deine Hände zittern. Es kommt zu einem flauen Gefühl in der Magengegend, einem Druck in der Brustgegend, Schwitzen, einer veränderten Durchblutung der Haut. Wir haben Schwindelgefühle, hören es in den Ohren sausen, müssen dringend zur Toilette.

Die Symptome der Angst sind vielfältig. Sie müssen nicht alle zeitgleich auftreten, und eventuell kennst Du auch noch weitere Symptome als die, die ich aufgezählt habe.

WIE ÄUSSERT SICH DEINE ANGST?

Was sind die drei – vier wichtigsten Symptome, die Du spürst, wenn Du Angst hast? Schreib sie bitte auf und überlege Dir zu jedem Symptom, wo Du es auf einer Skala von 1-10 einordnen würdest (1 = das Symptom ist sehr schwach ausgeprägt, 10 = stärker und intensiver kann es nicht ausgeprägt sein). Gib auch Deiner Angst insgesamt einen Wert auf dieser Skala.

Hebe diese Notiz gut auf, denn Du brauchst sie später noch, wenn Du überprüfen möchtest, wie Deine Angst sich verändert hat.

Empfindungen bei Angst

Neben den körperlichen Symptomen, die durch Angst ausgelöst werden, verursacht Angst auch Veränderungen in unserem Gefühlsleben und unserem Verhalten. Wir sind leicht reizbar und angespannt, denn Angst bedeutet Stress, zumal wenn sie chronisch geworden ist. Unsere Konzentrationsfähigkeit lässt extrem nach und wir handeln nicht mehr vernünftig. Ein Reiter weiß beispielsweise, dass er beim Reiten nicht schreien sollte. In einem Zustand höchster Angst vergisst man dies und schreit trotzdem, obwohl man eigentlich weiß, wozu das führt. Angst mündet auf Dauer in einer Angstspirale, wir sorgen uns permanent um Auslöser der Angst und verfallen in Grübeleien.

Grübeln ist leider nicht sehr schlaffördernd, so dass Ängste auch unseren Schlaf beeinträchtigen können; so liegst Du vielleicht länger wach, wachst mitten in der Nacht auf und kannst nicht mehr einschlafen oder liegst bereits frühmorgens wach. Unsere Gedanken drehen sich im Kreis, und vielleicht fragst Du Dich, ob Du verrückt wirst. Normal ist das alles jedenfalls nicht, meinst Du, und deshalb versuchst Du auch erst einmal allein damit klarzukommen. Denn was werden sonst wohl die anderen von Dir denken?

Nach und nach stellst Du fest, dass Du vermeidest, was Dir Angst macht. Du hast Dir fest vorgenommen, heute endlich mal wieder auszureiten, um Dir selbst zu beweisen, dass es noch geht. Wirklich wohl fühlst Du Dich nicht bei dem Gedanken, also entscheidest Du, dass eine Schrittrunde reicht. Als Du das Haus verlässt, fällt Dir auf, dass ein leichter Nieselregen eingesetzt hat. Während der Autofahrt zum Stall sinnierst Du, ob der Regen wohl stärker wird. Du magst Regen nicht, schlimmer aber, Regen macht Dein Pferd hibbelig. So kommst Du zum Ergebnis, dass Du den Ausritt lieber auf einen trockenen Tag verschieben solltest. Im Übrigen fing Dein Pferd in letzter Zeit auch in der Halle an, heftiger auf Regengeräusche zu reagieren. Am Stall angekommen, holst Du Kappzaum, Longe und Peitsche aus dem Schrank. Sicher ist sicher.

Ängste werden chronisch, wenn sie nicht schnell genug behandelt werden. Je länger die Angst besteht, desto unwahrscheinlicher wird es, dass sie sich von allein auflöst und stattdessen behandlungsbedürftig wird. Leider können sich Ängste ausweiten. Viele meiner Patienten haben eine »Angstkarriere« hinter sich, bei der diese z.B. mit Höhenangst anfing und nach und nach weitere Ängste hinzukamen. Wenn Du an weiteren Ängsten leidest, hast Du diese Erfahrung bereits gemacht. Ängste schicken uns in eine Spirale der Angst. Wir fürchten uns schließlich davor, Angst zu bekommen, was die Angst nur weiter verstärkt.

Die meisten Reiter, die Ängste entwickeln, meinen ganz genau sagen zu können, was die Ursache ihrer Angst ist.

1.2 Warum der Sturz nicht die Ursache ist

Diana berichtet: »Vor drei Jahren bin ich während eines Ausritts übelst abgebuckelt worden. Ich war mit einer Freundin ausreiten, als unsere Pferde sich vor einem Mähdrescher erschraken und durchgingen. Nach einiger Zeit konnten wir die Pferde zwar durchparieren, nun fuhr aber ein Trecker auf uns zu. Ich dachte, mein Pferd geht wieder durch und ich wollte es zurückhalten, als es seinen Kopf nach unten nahm und anfing zu buckeln. So schlimm hatte es das vorher noch nie gemacht. Anfangs konnte ich die Buckler noch aussitzen, aber mein Pferd ging echt ab wie ein Rodeopferd. Das sagt zumindest meine Freundin. Ich kann mich da gar nicht so genau dran erinnern. Irgendwann jedenfalls konnte ich mich nicht mehr halten und fiel runter. Nach einem Krankenhausaufenthalt, Reha und einer mehrmonatigen Genesung durfte ich dann wieder reiten.

Seit dem Sturz habe ich jedoch Angst auszureiten. Seit ein paar Monaten ist auch das Galoppieren schwierig geworden. Das Merkwürdige ist (ich habe zwei Pferde, den Wallach, von dem ich gestürzt bin, und eine Stute), dass ich viel mehr Angst vor der Stute als vor dem Wallach habe. Dabei ist mit ihr nie etwas Schlimmes passiert.«

Wir nehmen oft an, dass schlimme Ereignisse, die zeitnah vor dem Entstehen der Angst liegen, die Ursache für die Angst sein müssen. Wir sehen den Kausalzusammenhang »Sturz => Angst« und meinen, die Erklärung für die Angst gefunden zu haben. Im obigen Beispiel erkennen wir aber schon, dass hier irgendetwas nicht so ganz zusammenpasst.

Dies können wir leichter erkennen, wenn es zwei Pferde und eine Verschiebung auf das andere Pferd gibt. Wäre der Sturz die Ursache für die Angst, müsste Diana danach stärkere Angst beim Reiten ihres Wallachs gehabt haben. Jedoch hat sie sich auf ihrem Wallach viel sicherer gefühlt als auf ihrer Stute, obwohl sie mit dieser nie ein negatives Erlebnis hatte.

Fazit: Ein Sturz kann ein Auslöser für die Angst sein, ist aber in den allermeisten Fällen nicht die Ursache.

Die Funktion von Angst

Angst ist grundsätzlich eine sehr sinnvolle Reaktion auf Gefahr. Jedes Tier und jeder Mensch ist fähig, Angst zu empfinden. Mit dieser Fähigkeit, Angst zu spüren, kommen wir auf die Welt. Diese Fähigkeit brauchen wir auch, denn Angst setzt das Alarmsystem unseres Körpers in Gang, wenn wir in Gefahr sind. Nur dadurch sind wir in der Lage zu fliehen, zu kämpfen oder zu erstarren. Angst soll unser Überleben sichern und so brauchen wir das Gefühl der Angst, um in gefährlichen Situationen angemessen und blitzschnell zu reagieren. Angst ist also nicht etwas, das Du hassen solltest. In den gefährlichen Situationen ist die Angst Deine Verbündete.

Allerdings kann es passieren, dass Angst fehlgeleitet wird und dass wir in Situationen Angst verspüren, die nicht gefährlich sind. Das Alarmsystem unseres Körpers reagiert nicht immer richtig. So kann es sein, dass wir Angst vor etwas haben, das in der Zukunft oder der Vergangenheit liegt. Eventuell bekommen wir sogar Angst vor Dingen des alltäglichen Lebens, die für die meisten Menschen kein Problem darstellen. Es gibt auch die bis zur Panik gesteigerte Angst, die uns aus heiterem Himmel überfällt und scheinbar ohne Vorwarnung kommt und sich hauptsächlich körperlich ausdrückt, so dass wir meinen, gleich sterben zu müssen.

Ein Leben voller Angst ist nicht wünschenswert, ein Leben ohne Angst jedoch auch nicht. Du solltest in gefährlichen Situationen zur Angst fähig sein. Andererseits solltest Du in Momenten, in denen Dein Leben, Dein Körper oder Deine Seele nicht gefährdet sind, in der Lage sein, Deine Angst zu beherrschen. Wir leben in einer Gesellschaft, in welcher Angst zum Alltag dazugehört, gerade weil wir in einem sicheren Land wohnen. Soziologen nennen es das Sicherheitsparadoxon. Unterschwellig haben wir Angst, diese Sicherheit wieder zu verlieren, und daher ist es in allen sicheren Ländern der Welt so, dass die Menschen besonders viel Angst haben. Dies bedeutet nicht, dass Du diese Ängste nicht ändern kannst.

Wie Ängste entstehen

Ängste können auf verschiedene Arten entstehen.

Ängste können übertragen werden.

Im Grunde bedeutet es, dass Du erlernt hast, auf gewisse Dinge mit Angst zu reagieren. Wenn Ängste durch Eltern oder Großeltern vorgelebt werden, schauen sich die Kinder dieses Verhalten schnell ab. So ist es nicht ungewöhnlich, dass meine Klienten auf die Frage, ob ein Familienmitglied auch an Ängsten leidet oder litt, mit »Ja« antworten. Manchen wird erst im Laufe des Gespräches bewusst, dass dieses Familienmitglied Ängste gehabt haben muss, denn gesprochen wurde oft nicht darüber.

Offensichtlich wird dieser Übertragungsmechanismus zum Beispiel bei der Spinnenphobie. Ich hatte noch nie einen Klienten, der ein schlimmes Erlebnis mit einer Spinne als Auslöser der Spinnenphobie genannt hat. Normalerweise gibt es keine Erklärung für diese Angst. Es war halt schon immer so. Manche meiner Klienten glaubten an die Theorie, dass die Spinnenphobie eine Urangst des Menschen vor Spinnen sei. Ich halte immer dagegen, dass man eine Spinnenphobie in einer Sitzung auflösen kann und dies sicher nicht der Fall wäre, wenn diese Angst evolutionsbiologisch wirklich Sinn machen würde.

Sehr oft ist es bei Spinnenphobien so, dass bereits ein Elternteil nur sehr ungern und widerwillig mit einer Spinne ein Zimmer teilte. Manchmal höre ich auch: »Stimmt, meine Mutter hat einmal erzählt, dass sie früher Angst vor Spinnen hatte. Mittlerweile hat sie die aber nicht mehr.«

Viele Ängste lassen sich durch die Lebensgeschichte erklären.

Ängste entstehen, wenn wir das Gefühl haben, eine Situation nicht kontrollieren zu können. Normalerweise ist dieser Kontrollverlust etwas, dem wir bereits sehr früh in unserem Leben ausgesetzt sind. Bereits als Babys lernen wir, dass wir oft nicht Herr der Lage sind. Wachsen wir in unsicheren Verhältnissen auf, z.B. wenn die Beziehung zu unseren engsten Familienmitgliedern nicht sicher ist, werden wir oft auch im Erwachsenenleben von unklaren Ängsten heimgesucht.

Was passiert mit unbehandelten Ängsten?

Das Problem bei Ängsten ist, dass sie gerne chronifizieren und sich ausbreiten. So hat man am Anfang vielleicht Höhenangst, aber ertappt sich später dabei, dass man nicht mehr gut über Brücken fahren kann. Irgendwann hat man dann Angst vor dem Autofahren. Es ist also wichtig, möglichst schnell gegen entstandene Ängste anzugehen. Ein ganz wichtiger Aspekt: Unserem Gehirn ist es relativ egal, ob wir uns nur etwas vorstellen oder ob es tatsächlich geschieht. Es reagiert in beiden Fällen ähnlich und löst ähnliche Prozesse in uns aus.

Menschen mit Ängsten machen sich sehr oft Gedanken über ihre Furcht. Sobald sie an einen Angstauslöser denken, reagieren sie mit körperlichen Angstsymptomen. Ein Beispiel: Jeder Patient mit einer Spinnenphobie wird bereits Symptome bekommen, wenn er nur daran denkt, dass er in den Keller gehen muss, um Getränke zu holen.

Der Einfluss des Unterbewusstseins

Diana, die Reiterin, die von ihrem Wallach gefallen war und nun Angst vor ihrer Stute hatte, spürte jedes Mal beim Reiten auch ein Gefühl, welches sie nicht benennen konnte. In Trance kamen wir darauf, dass es ein Gefühl des Alleingelassenseins war. Als kleines Kind war sie einmal nachts von einem Alptraum aufgewacht und hatte festgestellt, dass sie ganz allein war, denn niemand kam auf ihr Schreien. Sie suchte die Wohnung nach ihren Eltern ab, doch diese waren nicht da. Sie bekam furchtbare Angst, dass ihre Eltern sie zurückgelassen hatten und niemals wieder zurückkämen. Dieses Gefühl hatte sie nun auch im Zusammenhang mit ihrer Angst auf ihrer Stute. Dazwischen lagen Jahrzehnte und viele, viele Situationen, in denen sie sich allein gelassen fühlte.

Die Angst entstand aus der Überforderung als Dianas Unterbewusstsein das Maß gestrichen voll hatte. So sollte Diana sich nicht mehr fühlen. Gerade, wenn es sich um spezifische Dinge wie Prüfungsangst, Angst beim Reiten oder Ähnliches handelt, hat unser Unterbewusstsein als Kontrollinstanz die Angst irgendwann entstehen lassen, damit wir gewisse Situationen vermeiden. Das klappt normalerweise wunderbar. Das

Unterbewusstsein hatte also einen guten Grund, die Angst entstehen zu lassen. Wer Angst hat, vermeidet das, was angsteinflößend ist, und dann muss man auch dieses unangenehme Gefühl, allein gelassen worden zu sein, nicht mehr spüren. Vom Unterbewusstsein ist das eigentlich sehr schlau eingerichtet, wenn da das Bewusstsein nicht wäre, mit all den Gedanken, die nun um die Angst kreisen. Sobald die Angst entstanden ist, wird sie uns daran hindern wollen, wieder diese unangenehmen Gefühle zu spüren. Wir sind also bemüht, alle Auslöser unserer Angst zu meiden. Leider wird sie dadurch gefestigt.
Wie aber lässt sich erklären, was zwischen der Ursache und dem Auslöser der Angst geschieht?

In meinen Augen hat jeder Mensch so etwas wie ein persönliches »Angstfass«. Bei dem einen ist es größer als beim anderen und wird langsamer gefüllt. Die Größe Deines Angstfasses ist von unterschiedlichen Dingen abhängig. Wenn jemand aus Deiner näheren Umgebung, zum Beispiel Deine Eltern oder Großeltern, mit Ängsten zu tun haben oder hatten, ist Dein Angstfass bereits kleiner als das von Menschen, die Ängste nicht vorgelebt bekamen. Dabei ist es völlig egal, ob Du von den Ängsten Deiner Eltern als Kind bereits wusstest oder nicht. Schon Sigmund Freud sagte: »Die Unterbewusste kommunizieren miteinander.« Du hast die Ängste Deiner Umgebung gespürt und gelernt, dass Ängste zu haben ein adäquates Verhalten ist. Es ist auch egal, ob das Objekt der Angst das gleiche ist. Wenn Dein Vater Angst vor Spinnen hatte, sorgt das dafür, dass Du empfänglich bist, selbst Ängste zu entwickeln, ob nun vor Spinnen oder beim Reiten, das ist tatsächlich unerheblich.

Bist Du sehr behütet aufgewachsen und hatten Deine Eltern schnell Sorge um Dich, so dass Du vieles nicht ausprobieren durftest, sorgt auch das dafür, dass Dein Angstfass kleiner als bei anderen ist. Denn dadurch hast Du gelernt, dass die Welt ein gefährlicher Ort ist. Auch unsichere Bindungen sorgen dafür, dass Dein Angstfass kleiner ist als bei anderen. Wenn also Deine Eltern überfordert waren mit Deiner Erziehung oder Du gelernt hast, dass Du Dich besser nicht auf andere verlassen solltest, sorgt das dafür, das Dein Angstfass schneller voll ist. Ich möchte hier einschieben, dass das nicht bedeutet, dass Deine Eltern Schuld an Deiner Angst haben, es sei denn, Du bist von ihnen misshandelt worden. Aber normalerweise bemühen sich Eltern um ihre Kinder und deren Erziehung und geben dabei ihr Bestes. Wer sein Bestes gibt, kann in meinen Augen nicht schuldig sein.

So viel zur Größe Deines persönlichen Angstfasses. Dieses wird nun im Laufe Deines Lebens gefüllt. Jedes Mal, wenn Du das Gefühl hast, die Kontrolle zu verlieren oder sie über eine Situation nicht erlangen zu können, füllt diese Situation Dein Angstfass. Dein Unterbewusstsein gleicht alle Situationen mit den Gefühlen ab und so kommen alle Situationen mit einem sehr unangenehmen Gefühl in dieses Fass. Im Laufe der Jahre wird dieses Fass gefüllt. Irgendwann kommt eine weitere Situation in das Fass und bringt es zum Überlaufen. Diese Situation ist der Auslöser der Angst. Bei Diana war der Sturz vom Wallach die Situation, die ihre Angst schlussendlich ausgelöst hatte. Die Ursache war jedoch in der Kindheit zu suchen.

Wir werden zu den Geschichten, die wir uns über uns selbst erzählen. Damit wir uns verändern können ist es hilfreich, wenn wir unsere Geschichten über uns verändern, denn unser Unterbewusstsein versteht diese Geschichten und lebt nach ihnen. Einer der großen Meister der Hypnose, Milton Erickson, verstand, dass wir unsere Geschichten ändern müssen, um uns und unser Leben zu ändern, und dass dies am leichtesten in Trance möglich ist.

Was im Gehirn passiert

Keine Sorge, ich möchte Dich nicht mit Neurobiologie langweilen, aber es gibt ein paar Dinge, die Dir gewisse Zusammenhänge erklären können und die Du schon einmal gehört haben solltest.

Unser Gehirn ist in Regionen aufgeteilt, manche dieser Regionen sind eher für unbewusste Vorgänge und Informationen verantwortlich und andere für bewusste. Eine dieser Regionen, das limbische System, ist für viele unbewusste Vorgänge zuständig. Das limbische System ist evolutionsbiologisch ein sehr alter Teil unseres Gehirns.

Einer der spannendsten Teile des Gehirns ist die Amygdala. Die Amygdala gehört zum limbischen System und ist mit zuständig für die Bildung von Emotionen, insbesondere Furcht und Angst. Sie ist auch an der Speicherung emotional besetzter Erinnerungen beteiligt. Das Stirnhirn übt eine übergeordnete Kontrollfunktion über die Amygdala aus. So können Emotionen und auch Angst zu einem gewissen Teil unterdrückt werden. Angst kann allerdings nicht gänzlich unterdrückt werden, da diese Emotion unser Überleben sichern soll.

Die Furchtreaktion ist schneller als die bewusste Wahrnehmung des Auslösers. Dies ist unter Umständen ein lebenswichtiger Zeitgewinn.

Neben der Amygdala liegt der Hippocampus, welcher das Archiv für unsere Erinnerungen ist und auch zum limbischen System gehört. Dort können Erinnerungen mit einem Zeitstempel versehen und abgelegt werden.

Ein evolutionsbiologisch eher neuer Teil unseres Gehirns ist der präfrontale Kortex. Dieser Teil ist zuständig für logische, rationale Gedanken und wenn wir von unserem Bewusstsein sprechen, meinen wir oftmals diesen Bereich. Mit unserem präfrontalen Kortex planen wir unseren Tag, versuchen auf Lösungen zu kommen und verlassen uns oft auf unsere logischen Einfälle.

Fight, Flight oder Freeze Response

Eines schönen Sommertages bringst Du Dein Pferd zurück auf die Weide. Es ist zu warm, um wirklich etwas zu tun, und so hast Du es nur geputzt und etwas Zeit mit ihm verbracht. Die Vögel zwitschern und Du spürst eine sanfte Brise auf der Haut. Du nimmst ihm das Halfter ab und lässt es frei. Alles ist schön. Doch plötzlich wird Dein Pferd panisch. Es fängt an, sich unter den Bauch zu treten und springt Dir unvermittelt entgegen. Du springst gerade noch rechtzeitig außer Reichweite und Dir wird bewusst, dass Dein Pferd Dich in seiner Panik fast umgerannt hätte. Aus sicherer Entfernung beobachtest Du, dass Dein Pferd wie irre über die Weide schießt, immer wieder kurz innehaltend, um zu buckeln und auszutreten. Du spürst, wie die Anspannung langsam von Dir abfällt. Gerade eben noch war Deine Muskulatur angespannt, Dein Herz schlug schneller als normal und ein wenig außer Atem warst Du vielleicht auch. Du fragst Dich, was wohl in Dein Pferd gefahren ist.

Kommt Dir diese Szenerie bekannt vor? Dann lebst Du vermutlich in einer Gegend, in der es Hirschlausfliegen gibt.

Tatsächlich lief genau so Gitanos und meine erste Begegnung mit einer Hirschlausfliege ab. Er war außer sich und hat mich in dem Moment nicht mehr wahrgenommen. Ich weiß nicht, was passiert wäre, wenn ich erst nachgedacht hätte. Vermutlich hätte ich es nicht rechtzeitig geschafft, ihm aus dem Weg zu springen.

So jedoch hat mich das Alarmsystem meines Körpers gerettet – meine Amygdala. Deine Amygdala prüft alle Außenreize; erkennt sie eine Gefahr, wird der Kampf- oder Fluchtmodus aktiviert. Sofort wird eine Flut von Stresshormonen ausgeschüttet, Adrenalin, Noradrenalin und Cortisol, die den Körper auf Flucht

Einfach nur Übermut?

oder Kampf vorbereiten. Das Herz schlägt schneller und auch die Atmung beschleunigt sich, um die großen Muskelgruppen in Armen und Beinen mit mehr sauerstoffreichem Blut zu versorgen. Die Muskulatur dort wird angespannt, um bereit zu sein für Flucht oder Kampf. Man beginnt zu schwitzen und hat eventuell ein Kribbeln im Bauch, vielleicht werden auch die Hände kalt.

Wenn sowohl Flucht als auch Kampf angesichts einer Bedrohung nicht möglich sind und das Stresssystem des Körpers maximal aktiv ist, verfällt der Organismus in eine Starre – dieser Zustand wird auch Freeze genannt. In diesem Zustand bist Du nicht mehr zu einer Handlung fähig und auch zu Flucht oder Kampf nicht. Dabei werden eine Reihe nicht benötigter Organe und auch Teile des Gehirns in ihrer Funktion heruntergefahren. Erinnerst Du Dich an den präfrontalen Kortex? Er gehört zu den heruntergefahrenen Gehirnteilen. Er ist in Momenten höchster Gefahr sozusagen offline. Das ausgeschüttete Noradrenalin hemmt in Stresssituationen die Aktivität des präfrontalen Cortex. So werden Nachdenken und Grübeln abgeschaltet. Das ist auch sinnvoll, denn wenn Du erst überdenken würdest, welche Möglichkeiten Du hast, wäre es für angemessene Reaktionen zu spät. Es ist wichtig, dass wir in einem Moment der Gefahr automatisch reagieren können und nicht erst alle Vor- und Nachteile verschiedener Handlungsoptionen abwägen. Auf der anderen Seite sorgt dieser Mechanismus dafür, dass wir in Situationen von hohem Stress oftmals »kopflos« reagieren.

Dieses Erstarren entspricht der Angststarre im Tierreich. Du lässt geschehen, was gerade passiert, denn eine andere Möglichkeit hast Du nicht mehr. Das Problem ist, dass es unserem Gehirn grundsätzlich egal ist, ob wir uns etwas nur vorstellen oder es tatsächlich passiert. Auch bei imaginierter Gefahr schlägt das Alarmsystem unseres Körpers an. Aus diesem Grund reicht es, wenn Du Dir vorstellst, wie Dein Pferd Dich über dem Sprung absetzt; sofort fühlst du dich nicht mehr wohl und hast mehr oder weniger stark die typischen körperlichen Symptome von Angst.

Immer, wenn Dein Gehirn in den Flucht-, Kampf- oder Freezemodus schaltet, gibst Du auf dem Pferd Deinen Sitz auf, unabhängig davon, ob die Gefahr real ist oder Du sie Dir nur vorstellst. Dein Muskeltonus erhöht sich auch in den großen Muskelgruppen in Armen und Beinen. Durch die erhöhte Anspannung in Gesäß und Oberschenkeln drückst Du Dich aus dem Sattel, dadurch sitzt Du nicht mehr »im Pferd«, sondern sozusagen über dem Pferd. Du kannst nicht mehr geschmeidig mitgehen, wenn Dein Pferd zur Seite springt. Sehr wahrscheinlich wirst Du auch etwas nach vorne fallen, denn bei hohem Stress wollen wir instinktiv unsere inneren Organe schützen. Du kannst keine effizienten Hilfen mehr geben. Aufgrund des erhöhten Tonus in den Armmuskeln ist ein feines Annehmen und Nachgeben am Zügel nicht mehr möglich. Du kannst Dich nur noch an den Zügeln festhalten. Was glaubst Du, was Dein Pferd von diesen körperlichen Veränderungen hält?

Angst beeinflusst Sitz und Hilfengebung.

Bei Gefahr erstarren viele Reiter auf ihrem Pferd, weil es für ihr Gehirn nicht viel Sinn macht zu kämpfen oder zu flüchten. Und dann geht leider wirklich nichts mehr, der Reiter bleibt eingefroren und handlungsunfähig, bis er entweder runtergefallen oder die Gefahr vorüber ist und er mit wackligen Beinen und völlig außer Atem vom Pferd steigt.

Dieses Alarmsystem unseres Körpers wirst Du nicht abstellen können. Wäre dies möglich, wäre es für Dein Überleben nicht sehr förderlich. Es ist jedoch möglich, Deine Gedanken, Deine Vorstellungen und Deine Bewertungen darüber, was Gefahr ist, im Unterbewusstsein und auch im limbischen System zu verändern. Der bewusste Teil Deines Verstandes, der

präfrontale Kortex, kann nicht viel ausrichten, wenn er offline ist. Aus diesem Grund kommst Du in Momenten der Angst mit bewussten Überlegungen nicht weiter.
Es ist wichtig, dass Du weißt, woher Deine Ängste kommen und warum Dein Körper so reagiert, wenn Du Angst hast. Eine andere Variante, Deine Ängste zu betrachten, ist, sich anzusehen, was psychisch passiert. Das möchte ich Dir im folgenden Kapitel beschreiben.

Die Ursache hinter der Ursache

Wie Du vermutlich schon herausgelesen hast, geht es bei Deinen Ängsten um das Gefühl von Kontrollverlust. Das Gefühl, unsere Umgebung nicht kontrollieren zu können, lernen wir bereits sehr früh in unserem Leben kennen. Die meisten von uns machen diese Erfahrung im Kleinkindalter, wenn wir zum Beispiel nicht beeinflussen können, ob wir etwas zu essen bekommen oder nicht, getröstet werden oder nicht oder wenn wir uns alleine fühlen.

Tatsächlich gehört das Gefühl, alleine zu sein oder sich verlassen zu fühlen, bei den meisten Menschen, mit denen ich bisher gearbeitet habe, zur Hauptursache der späteren Entstehung von Angst, dicht gefolgt von dem Gefühl der Überforderung oder nicht gut genug zu sein. Vielleicht fragst Du Dich, woher ich dies zu wissen meine, deshalb will ich das kurz erklären: Wenn ich mit Klienten hypnotisch an ihren Ängsten arbeite, nutze ich die Technik der Rückführung in die Ursache des Problems und so landen wir dann in irgendeiner Situation in der Kindheit, in welcher sich mein Klient das erste Mal so gefühlt hat, wie er sich heute in Bezug auf das Reiten fühlt. Im Moment seiner Entstehung ist das Angstgefühl normalerweise sehr viel weniger intensiv, erst im Laufe der Jahre wird es immer intensiver.

Ulrike hatte Angst beim Ausreiten, nachdem ihr Pferd sich bei einem Ausritt erschrocken hatte und kurz bockte. Ulrike war Mitte Fünfzig und in der Reiterei Späteinsteigerin. Sie hatte eigentlich ein verlässliches

Die meisten Ängste entstehen in der Kindheit.

Pferd und fühlte sich daher bei Ausritten recht sicher, auch wenn sie wusste, dass sie nicht sehr sattelfest war. So hatte sie auch bei diesem Hüpfer das Problem, sich oben zu halten. Leider trat das Problem in Folge häufiger auf, immer wieder buckelte ihr Pferd Fee beim Ausreiten, und Ulrike bekam dadurch so viel Angst, dass sie nun schon länger nicht mehr im Gelände war.

Bei unserem Termin traf ich Ulrike am Stall bei ihrer Stute Fee. Ich wollte mir die Stute gerne ansehen, denn ich bin der Meinung, dass ein Pferd nicht ohne Grund buckelt. Nachdem wir etwas geredet hatten, sah ich, dass Fee Ulrikes Aufgeregtheit nur schwer kompensieren konnte. Das Pferd wurde immer nervöser. Dies legte sich, als Ulrike losging, um den Sattel zu holen. Mit dem Sattel auf dem Arm kam Ulrike zurück und Fee legte die Ohren an. Meine Frage, ob sie immer die Ohren anlege, wenn Ulrike mit dem Sattel käme, verneinte Ulrike. Ich bat Ulrike, den Sattel erst einmal auf dem Sattelhalter abzulegen und fragte sie, ob ich Fee abstreichen dürfte. Auf ihre Zustimmung hin ließ ich Fee noch einmal an meiner Hand schnuppern und strich ihr über den Rücken. Im Bereich der Lendenwirbelsäule reagierte sie empfindlich und ging etwas in die Knie. Ich legte vorsichtig den Sattel auf und sah, dass der Schwerpunkt zu weit hinten lag. Das erklärte die Druckempfindlichkeit von Fee. Ich erklärte Ulrike das Problem und wir versuchten es mit einem anderen Sattel. Dieser lag deutlich besser auf dem Pferd. Der erste Sattel war vor kurzem erst aufgepolstert worden und Ulrike war sichtlich schockiert. Sie wollte den Sattler so schnell wie möglich bestellen und auch einen Termin beim Pferdeosteopathen vereinbaren.

Nach diesem Lokaltermin fuhren wir zu ihr nach Hause, um uns ihrem Problem hypnotisch zu nähern. Als sie in Trance war und wir alles vorbereitet hatten für die analytische Arbeit, kamen wir der Ursache des Problems auf die Spur. Wir landeten in einer Situation in ihrer Kindheit. In dieser Situation sollte sie Fahrrad fahren lernen, allerdings auf einem Fahrrad, das viel zu groß für sie war. Sie fühlte sich überfordert und die Erwachsenen gaben ihr das Gefühl, sich nicht genügend anzustrengen. Also übte sie ohne fremde Hilfe und stürzte. Auch dafür wurde sie wieder ausgeschimpft. Wir lösten diese Situation auf und sprachen später darüber. Ulrike fand es erstaunlich, dass die Ursache ihrer Angst in diesem Erlebnis zu finden war und sie nichts mit einem Pferd zu tun hatte. Dennoch erkannte sie, dass sie heute mit den gleichen Gefühlen zu kämpfen hatte wie damals mit dem Fahrrad, auch wenn ihr heutiges Gefühl sehr viel schwerer wog als das damalige.

Einige Zeit nach unserer Sitzung fragte sie mich, was ich mit Fee gemacht hätte; sie sei ihr gegenüber viel zugewandter als früher und sie habe das Gefühl, die Beziehung sei besser geworden. Auch Ulrike selbst spürte eine Veränderung an sich und merkte, dass die Angst nachließ. Kurz nachdem der Sattel in die richtige Passform gebracht und der Pferdeosteopath Fee behandelt hatte, stand gemeinsamen Ausritten nichts mehr im Weg. Diese genießen sie beide auch heute noch sehr – ganz ohne irgendwelche Buckler.

Wenn Du ein Pferd hast, das buckelt, steigt oder durchgeht, ist es sinnvoll, Angst dabei zu haben. Dein Unterbewusstsein möchte grundsätzlich nur Dein Bestes und vor allem möchte es Dich unversehrt erhalten. Eine wunderbare Möglichkeit, die es dafür benutzt, ist, in Dir Angst entstehen zu lassen. Es wäre jedoch fahrlässig, wenn wir nur an der Angst des Reiters arbeiten würden, ohne zu betrachten, welchen Grund das Pferd hat, sich so zu verhalten.

Weitere Ursachen von Angst

Üblicherweise geht man bei Angst von psychischen Ursachen aus. Jedoch gibt es auch körperliche Erkrankungen, die Ängste entstehen lassen oder bestehende Ängste verstärken. Zumindest einige wenige dieser Erkrankungen will ich hier anführen, einerseits weil ich selbst von einer dieser Erkrankungen betroffen bin, andererseits weil ich verhältnismäßig viele erkrankte Klienten in meiner Praxis habe und in diesem Bereich spannende Erfahrungen machen durfte.

Ich selbst habe eine chronische Erkrankung des Immunsystems, die auf den schönen Namen Hashimoto hört. Der komplette Name ist Hashimoto Autoimmunthyreoiditis. Hashimoto ist eine Autoimmunerkrankung, bei der das körpereigene Immunsystem die Schilddrüse nicht mehr als körpereigen erkennt, sondern als körperfremd bekämpft. Im Zuge dieses Kampfes wird die Schilddrüse Stück für Stück von hormonproduzierendem Gewebe in Bindegewebe umgewandelt. Dadurch werden immer weniger Schilddrüsenhormone gebildet und es kommt zu einer Schilddrüsenunterfunktion. Quasi das Gegenteil davon ist die Krankheit Morbus Basedow, durch die es eher zu einer Schilddrüsenüberfunktion kommt. Wenn Deine Schilddrüse zu viele oder zu wenige Schilddrüsenhormone bildet, hat dies massive Auswirkungen auf Deinen Organismus und auch auf Deine Psyche. Es ist gar nicht so selten, dass dadurch Ängste auftreten oder bestehende Ängste verstärkt werden. Nun sehe ich leider in meiner Praxis oft, dass Schilddrüsenpatienten nicht ausreichend gut mit Hormonen eingestellt sind und sie keine Wohlfühldosis erreicht haben. Falls Du eine Schilddrüsenerkrankung hast oder bei Dir vermutest, rate ich Dir, Dich von einem Endokrinologen behandeln zu lassen und Dich über die Erkrankung zu informieren. Dazu gehört auch herauszufinden, in welchem Bereich der Normwerte Du Dich am wohlsten fühlst.

Es gibt mittlerweile viele Ärzte, die nicht nur die Standardtherapie anwenden. Wenn Du mehr darüber wissen möchtest, kannst Du Dich auf meiner Seite informieren:
www.reitercoaching-weber.de/Schilddruese

Hormone haben insgesamt einen starken Einfluss auf unser Gefühlsleben. Wenn Du andere hormonelle Probleme hast oder auch die Pille nicht verträgst, kann sich das in Deinen Ängsten widerspiegeln.

Jedoch können auch Gluten oder Histamin zu Ängsten führen oder diese intensivieren, wenn Du auf diese Stoffe allergisch reagierst. Dies solltest Du insbesondere dann im Hinterkopf haben, wenn Deine Ängste sehr schwanken und Du richtig gute und richtig schlechte Phasen hast. Natürlich kann dies auch andere Ursachen haben, aber wenn Du solche Schwankungen bemerkst, prüfe, ob es an Deiner Ernährung liegen könnte. Ganz abgesehen davon erhältst Du mit diesem Buch allerhand Lösungsmöglichkeiten, um auf Deine Ängste einzuwirken und sie hinter Dir zu lassen.

Deine Geschichte der Angst

Du hast jetzt bereits viel über die theoretischen Hintergründe Deiner Gefühle und Deiner Angst erfahren. Es ist jedoch auch wichtig, dass Du Dich mit Deiner persönlichen Situation auseinandersetzt. Für viele Reiter ist Angst beim Reiten etwas, das aus einer unangenehmen Erfahrung beim Reiten resultiert. Du weißt mittlerweile, dass dies nur ein unvollständiges Bild ergibt.
Es macht einen großen Unterschied, ob Du nur in Bezug auf das Reiten oder auch im Umgang mit dem Pferd Angst hast oder ob Angst auch in Deinem übrigen Leben Dein Begleiter ist. Viele meiner Reiterklienten haben nicht nur beim Reiten mit der Angst zu

Oft haben Reiter auch vor anderen Dingen Angst.

kämpfen, sondern haben in vielen Situationen Ängste, die sie beeinträchtigen.
Häufige Ängste von Reitern sind zum Beispiel Höhenangst, Angst beim Autofahren, Angst vorm Fahrstuhlfahren, Flugangst, aber auch Panikattacken und viele weiter Ängste. Die folgenden Übungen und Selbsthypnosemethoden werden Dir bei allen Ängsten helfen können. Denn Deine Ängste haben eine gemeinsame Ursache, aus welcher heraus sie nach und nach entstanden sind. Aus diesem Grund ist es sinnvoll, alle Ängste anzusprechen, wenn Du mit diesem Buch arbeitest.

Vielleicht hast Du Dir beim Lesen gedanklich schon eine Liste mit Fragen erstellt. Es ist sinnvoll, dass Du vor allem die folgenden Fragen für Dich beantwortest, um Deinen Ist-Zustand zu erkennen.

Ist-Zustand: Deine Angst beim Reiten

- Was genau macht Dir Angst?
- Was macht Dir noch keine Angst, was funktioniert gut und wann wird es schwierig?
- Was für körperliche Symptome hast Du?
- Wie schätzt Du Dein Pferd ein: Ist es ängstlich oder mutig?
- Ist Dein Pferd nur bei Dir ängstlich oder reagiert es auch bei anderen Menschen ähnlich stark mit Nervosität oder Angst?
- Was hast Du bis jetzt gegen Deine Ängste unternommen?
- Was hat geholfen?
- Unterstützt Dich Dein Trainer/Deine Trainerin?
- Hast Du jemandem in Deinem Umfeld, der Dir bei den Übungen helfen kann? Du solltest dieser Person vertrauen und sie sollte sich mit gut gemeinten Ratschlägen zurückhalten können.
- Was möchtest Du erreichen? Was ist Dein Ziel?

Ist-Zustand: Weitere Ängste

- Gibt es weitere Ängste in Deinem Leben, die Dich einschränken? Welche?
- Welche Angst war zuerst da und wie lange besteht diese Angst?
- Wie haben sich Deine Ängste entwickelt?
- Was hast Du bis jetzt dagegen unternommen?
- Was hat Dir bis jetzt geholfen?
- Würdest Du Dich grundsätzlich als ängstlichen Menschen bezeichnen?
- Hast Du chronische Erkrankungen oder andere psychische Erkrankungen?
- Nimmst Du regelmäßig Medikamente? Wie sieht es mit hormonellen Kontrazeptiva aus?
- Wie geht es Dir?
- Wie gut schläfst Du? Hast Du Schlafprobleme?
- Grübelst Du viel oder machst Dir Gedanken?
- Bist Du zufrieden mit Deinem Leben, mit Deinem Job, Deinen Beziehungen?
- Hast Du derzeit viel Stress?
- Hast Du Rückhalt durch Freunde, Familie etc.?
- Gibt es Dinge, die Du gerne anders hättest? Was möchtest Du erreichen? Formuliere dies positiv als eine Zielsetzung.
- Wie soll Deine Zukunft aussehen?

Wenn Du die Fragen für Dich geklärt und etwas analysiert hast, weißt Du, ob Du dieses Buch nur in Bezug auf die Angst beim Reiten oder auch für andere Probleme nutzen kannst. Je mehr Raum Ängste in Deinem Leben einnehmen, desto mehr Übungen wird es brauchen. Aber keine Sorge, keine der Übungen, die ich Dir anbiete, kostet richtig viel Zeit. Lies auf jeden Fall zunächst das gesamte Buch durch und setze die Übungen in Deinem Alltag bei allen Ängsten ein.

Wenn Du chronische Erkrankungen hast, ist es wichtig, dass Du diesbezüglich bei einem Facharzt in Behandlung bist und ausreichend therapiert wirst.

1.3 Was Dein Pferd mit seinem Verhalten sagt

Du und Dein Pferd habt eine Beziehung miteinander. Du hast sicher schon öfter gehört, dass die Beziehung dann stimmt, wenn Dein Pferd Dich als Chef ansieht und sich bei Dir in Sicherheit fühlt. Daraus könnte man schließen, dass Du besonders dominant sein musst, damit sich Dein Pferd bei Dir sicher fühlt. Die Wissenschaft sieht das jedoch anders und ich auch. Da es in diesem Buch aber nicht um Pferdetraining oder Lernverhalten gehen soll, geh ich nur kurz auf diesen Punkt ein. Wenn Du weitergehendes Interesse hast, findest Du im Anhang gute Bücher zum Weiterlesen.

Dein Pferd weiß, dass Du ein Mensch bist. Pferde bilden in der freien Natur Herdenbeziehungen. Eine Herde bezeichnet eine Gruppe von Pferden, die verwandtschaftliche Beziehungen untereinander haben. Demgegenüber ist eine Gruppenhaltung ein zusammengewürfelter Haufen – eine Art Wohngemeinschaft –, der sich mal mehr und mal weniger häufig ändert, auch wenn wir solche Gruppen von Tieren häufig als »Herde« bezeichnen. Das Verhalten wild lebender Pferde und domestizierter Pferde ist also schon deshalb sehr unterschiedlich. In einer guten Herdenstruktur findet man selten Auseinandersetzungen. In der freien Natur gibt es jede Menge Platz zum Ausweichen, und da alle Pferde einer Rasse angehören, gibt es auch keine Kommunikationsschwierigkeiten, die auf unterschiedliche Rassenzugehörigkeiten zurückzuführen sind. Deswegen reichen üblicherweise feine Signale als Kommunikationsmittel zwischen den einzelnen Herdenmitgliedern und grobe Umgangsformen sind normalerweise unnötig. In unserer Gruppenhaltung dagegen fehlt es oftmals an genügend Platz, so dass die Pferde sich nicht aus dem

Auch Pferde lassen Stress an Artgenossen aus.

Wege gehen können. Da die Gruppenzusammensetzungen sich häufiger ändern, gibt es selten eine stabile Struktur. Dies führt zu Stress bei den einzelnen Pferden, und auch Pferde neigen, ähnlich wie Menschen, dazu, diesen an anderen auszulassen.

Im Übrigen weiß man mittlerweile, dass es bei Pferden keine so feste Rangordnung gibt, wie man dies früher annahm. Pferde haben unterschiedliche Rollen und Aufgaben inne, ähnlich wie wir Menschen auch. Es ist also nicht so, dass der Ranghöhere immer das Sagen hat und diesem mit Nachdruck Ausdruck verleiht. Im Gegenteil: Gute Führer sind gelassen, strafen wenig und regeln viel mit Auge, sie gehen Kämpfen eher aus dem Weg.

Im Pferdetraining hört man leider oft den Satz: »Dem musst Du mal zeigen, wer der Chef ist.« Gemeint sind damit häufig körperliche Maßnahmen. Diese werden dann damit begründet, dass Pferde nun einmal so miteinander umgehen. Dies stimmt jedoch nicht. Man legt dabei untaugliche Beispiele aus Gruppenhaltungen zugrunde oder Kämpfe zwischen Hengsten, die um eine Stutengruppe kämpfen. All solche Beispiele taugen bei genauem Hinsehen in keiner Weise und vor allem rechtfertigen sie nicht, dass man sein Pferd körperlich maßregeln darf.

Dein Pferd spürt eine Fliege auf seinem Fell, es braucht keinen massiven körperlichen Druck, um Signale zu verstehen. Wir lernen alle am motiviertesten, wenn es sich für uns lohnt. Das gilt für Dich genauso wie für Dein Pferd. Tatsächlich kann man Pferde und Tiere allgemein sehr gut über Futter motivieren. Die Gegner dieser Art von Training meinen, dass Futterlob für schlecht erzogene Pferde sorge. Auch glaubt man, Pferde mit Futter zu manipulieren oder sogar, dass das Pferd dann gar nicht den Besitzer mit seiner Zuneigung meint, sondern nur das Futter.

Dem möchte ich entgegenhalten: Wer mit negativer Verstärkung (Druck und dem Nachlassen von Druck) arbeitet, erreicht auch nur, dass das Pferd etwas tut, damit etwas Unangenehmes aufhört – also der Druck nachlässt. Arbeitest Du mit Strafe, wird es diese vermeiden wollen. Dies kann auch in die erlernte Hilflosigkeit führen. Beim Ausüben von Dominanz ist die Motivation sicher schlechter als würdest Du ein Verhalten mit Futter positiv verstärken. Zwar gibt es auch andere Möglichkeiten der positiven Verstärkung, Futter ist aber grundsätzlich eine hochwertige Verstärkung. Die Frage ist auch, ob Dein Pferd Dich mehr liebt, wenn es Dich mit etwas

Pferd und Mensch mögen sich.

Unangenehmem verbindet (Druck oder Strafe) oder wenn es Dich mit etwas Angenehmem (Futter, positive Verstärkung) verbindet.

Zum Schluss möchte ich auf das Argument eingehen, dass Futterlob für unerzogene Pferde sorgt. Gibst Du Futterlob richtig und konsequent gleich nach dem Verhalten, das Du bestärken möchtest, wirst Du damit auch kein Pferd zum Kekssuchmonster erziehen. Bei der Arbeit mit positiver Verstärkung geht es vielmehr darum, dass Du Dich trainierst, angemessen und zur richtigen Zeit, das zu verstärken, was Du haben möchtest. Wer sich mit modernem und wissenschaftlichem Pferdetraining befassen möchte, dem sei geraten, sich mit entsprechender Literatur einzudecken und sich einen positiv arbeitenden Trainer*in zu suchen.

Ja, Dein Pferd braucht von Dir Sicherheit. Diese Sicherheit lieferst Du, indem Du berechenbar bist. Außerdem, indem Du gut auf Dich selbst aufpasst und Deine Gefühle selbst regulieren kannst. Das Allerwichtigste jedoch ist, dass Du kongruent bist. Dass Du nicht versuchst, Dich zu verstellen, Deine Ängste zu verstecken oder Ähnliches. Kongruenz bedeutet, dass Du Dein Inneres auch nach außen zeigst. Du wirst mehr darüber im nächsten Kapitel lernen. Ein wichtiges Ziel dieses Buches ist Dir zu helfen, kongruent zu sein.

Diese beiden haben etwas Besorgniserregendes entdeckt. Wer spiegelt wen?

Wie Dein Pferd auf Deine Angst reagiert

Je nachdem, welche Persönlichkeitsstruktur Dein Pferd hat, wie gut Ihr zusammenpasst und wie gut es Dich kompensieren kann, wird es sich verhalten. Dabei dürfen wir auch weitere Komponenten wie Gesundheit, passendes Equipment und ganz generell die Haltungsbedingungen nicht außer Acht lassen. Schauen wir uns nun an, was Dein Pferd an unterschiedlichem Verhalten zeigen könnte und was diesbezüglich zu tun und was zu unterlassen ist.

Dein Pferd sieht überall Gespenster

Wenn Du ein sehr schreckhaftes Pferd besitzt, ist es wichtig zu prüfen, ob das Pferd seit jeher schreckhaft ist oder die Schreckhaftigkeit plötzlich aufgetaucht ist. Ist es darüber hinaus zu jeder Zeit schreckhaft oder nur im Zusammenhang mit bestimmten Personen in seiner Nähe? Die Frage ist also: Machst Du Dein Pferd nervös oder ist Dein Pferd von sich aus schreckhaft?

Wenn die Schreckhaftigkeit irgendwann einsetzt und Dein Pferd sie auch bei anderen Personen zeigt, solltest Du dies mit Deinem Tierarzt besprechen.

Auch bei Pferden können sich Erkrankungen durch Verhaltensänderungen bemerkbar machen. Ist von dieser Seite alles abgeklärt und in Ordnung, gilt es zu überprüfen, ob es weitere Stressoren gibt. Passen Sattel und Trense richtig? Werden alle Bedürfnisse des Pferdes erfüllt: Bekommt das Pferd ausreichend Raufutter und freien Zugang zu Wasser? Hat es einen Wetterschutz und Artgenossen, mit denen es sich versteht? Bekommt es ausreichend Bewegung?

Wenn Du all diese Fragen zufriedenstellend beantworten kannst, kannst Du Dich grundsätzlich an das Training machen, damit Dein Pferd wieder entspannter reagieren kann.
Allerdings ist es sinnvoll, Dein Pferd osteopathisch behandeln zu lassen, wenn es sehr schreckhaft ist. Für alle Lebewesen bedeuten Bewegungseinschränkungen oder Schmerzen Stress. Erstere zeigen sich oft in Verspannungen, Gangunregelmäßigkeiten, Widersetzlichkeiten und eben auch Schreckhaftigkeit. Stress sorgt dafür, dass wir sehr viel stärker auf Außenreize reagieren als ohne Stress. Das Pferd als Fluchttier wird also noch deutlich schreckhafter reagieren als sonst. Wenn wir Schmerzen haben, geht auch uns alles viel schneller auf die Nerven, wir sind buchstäblich dünnhäutiger und rasten auch mal schneller aus oder fühlen uns schneller angegriffen. Da geht es dem Pferd genauso wie uns.

Um herauszufinden, ob Dein Pferd Dich spiegelt oder seine eigene Schreckhaftigkeit zeigt, brauchst Du eine entspannte und vor allem unvoreingenommene Person. Während diese Person sich mit dem Pferd beschäftigt, sollten sich alle weiteren Personen zurückziehen und einen Abstand von mindestens zehn Metern einhalten, um sicherzustellen, dass das Pferd nicht auf diese Personen reagiert.

Auch Pferde können lernen, ihre Skepsis vor unbekannten Gegenständen zu überwinden.

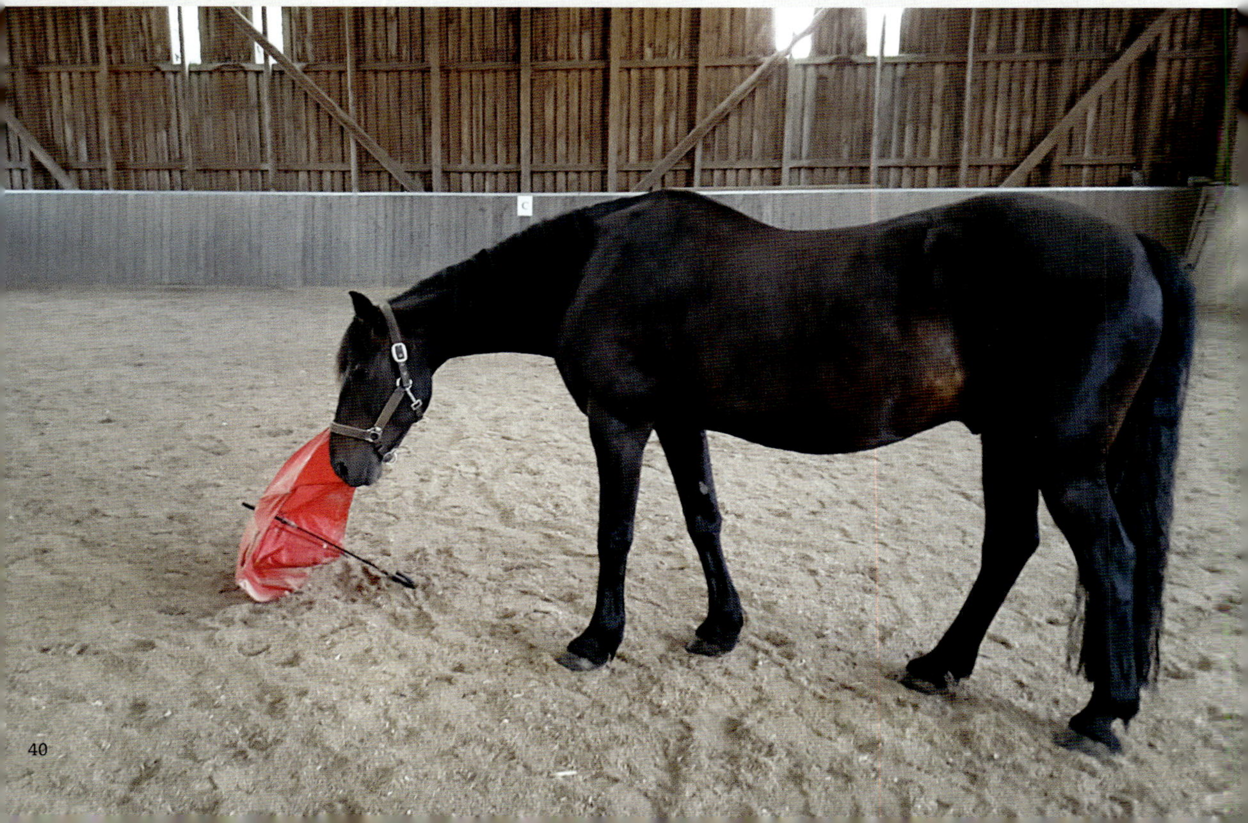

Hat das Pferd vielleicht einen triftigen Grund für sein Verhalten?

Solltet Ihr herausgefunden haben, dass das Pferd schreckhaft ist und es sich nicht um das Spiegeln des Menschen handelt, ist es ratsam, einen Trainer hinzuzuziehen, der selbst gelassen ist und der trainiert statt zu dominieren. Leider gibt es noch nicht so viele positiv arbeitende Trainer im Pferde- wie im Hundebereich, aber wenn Du Dich ein wenig in das Thema einliest, wirst Du erfahren, worauf Du achten solltest. Ich möchte Dir ans Herz legen, Dich mit dem Lernverhalten von Pferden und der Lerntheorie zu beschäftigen, denn in Zukunft wird es darum gehen, dass Dein Pferd viel Neues kennenlernt, daran Spaß hat und sich gewöhnt und dabei Altes und wenig Nutzbringendes verlernt.

Lass diesen Trainer mit Deinem Pferd arbeiten und trainiere unter seiner Aufsicht weiter, wenn Du Dich gut selbst regulieren kannst.

Dein Pferd buckelt, steigt oder geht durch

Grundsätzlich halte ich es mit Egon von Neindorff, der sagte: »Wenn Dein Pferd einen Fehler macht, so suche die Ursache bei Dir. Und solltest Du sie nicht finden, dann suche gründlicher.«

Ein Pferd ist kein manipulatives Wesen, das Dir nur eins auswischen will. Oft aber ist es genau das, was uns suggeriert wird. Wie oft habe ich in meiner Reiterkarriere gehört: »Der will Dich nur verarschen.« Teilweise wird Pferden auch unterstellt, bösartig zu sein, nur weil sie versuchen, sich uns mitzuteilen. Pferde sind in erster Linie Fluchttiere, sie sparen ihre Energie und sind keine angriffslustigen Raubtiere. Sie wehren sich erst, wenn ihnen eine Flucht nicht möglich ist. In den allermeisten Fällen hat das Pferd also einen Grund zu buckeln, zu steigen oder durchzugehen. Es tut dies nicht, um Dich zu ärgern. Sehr oft missverstehen wir einfach seine Hilferufe. Pferde kommunizieren fein und als Beutetier verstecken sie Schmerz und Unbehagen so lange es geht, um Raubtieren nicht als leichtes Opfer zu erscheinen. Pferde haben also nicht sehr viele Möglichkeiten, sich uns mitzuteilen, und da wir ihre kleinen Signale häufig übersehen, müssen sie massiver werden, um uns verstehen zu geben, dass etwas nicht in Ordnung ist. Im Großen und Ganzen sind Pferde leider sehr leidensfähig und zeigen erst sehr spät, dass etwas nicht stimmt. Ich wundere mich oft darüber, wie viel Pferde für ihre Besitzer ertragen. Sie lassen sich reiten, obwohl ihr Rücken schmerzt, weil zum Beispiel der Sattel nicht richtig sitzt oder passt. Klar, das ist seitens des Reiters keine Absicht. Wir verlassen uns auf die Experten wie Sattler oder Trainer und sind entsetzt, wenn wir feststellen, dass im schlimmsten Fall der Maßsattel leider nicht optimal auf das Pferd passt.

Sehr oft hat das Pferd ein körperliches Problem, wenn es zu Maßnahmen wie Buckeln, Steigen oder Durchgehen greifen muss. Erst einmal sollten wir dann prüfen, wie es um seinen gesundheitlichen Zustand bestellt ist und ob das Equipment passt. Legt es bereits die Ohren an, wenn Du mit dem Sattel kommst, ist dies ein ernstes Zeichen dafür, dass ihm der Sattel nicht richtig passt. Wenn Dein Pferd Magenprobleme hat, wird es sich gegebenenfalls beim Angurten widersetzen. Nimmst Du so etwas wahr, reagiere gleich darauf, indem Du das Equipment prüfst und mit Deinem Tierarzt sprichst. Ignorierst Du solche Signale, wird Dein Pferd zu deutlicheren Maßnahmen greifen müssen, damit Du es verstehst.

Natürlich kann ein Pferd auch lernen, dass es einen unangenehmen Zustand beenden kann, wenn es buckelt, steigt oder durchgeht. Erst einmal sollte es jedoch selbstverständlich sein, dass Du im Zweifel für Dein Pferd bist und mögliche Ursachen hinsichtlich Haltung, Gesundheit oder Equipment ausschließt. Es macht bei diesen Verhaltensweisen immer Sinn einen Osteopathen heranzuziehen. Manche Pferde buckeln, wenn der Rücken schmerzt, andere steigen und wieder andere laufen dem Schmerz davon. Auch hierbei ist wichtig zu unterscheiden, ob Dein Pferd dieses Verhalten nur bei Dir zeigt oder bei allen Bezugspersonen. Erst wenn alle möglichen anderen Ursachen ausgeschlossen sind und es sein Verhalten hauptsächlich bei Dir zeigt, lautet die logische Schlussfolgerung, dass sein Verhalten etwas mit Dir zu tun haben muss. Pferde steigen beispielsweise, wenn der Druck steigt und sie keine Möglichkeit zur Flucht haben oder sehr zurückgehalten werden. Andere legen sich dann aufs Gebiss und gehen durch.

Wir müssen in solchen Fällen verstehen, warum das Pferd tut, was es tut, und wie Du sein Verhalten beeinflussen kannst. Bei vielen Reitern, die es mit einem steigenden oder durchgehenden Pferd zu tun haben, findet man eine sehr starre und harte Hand. Dies ist kein Wunder, wenn Angst im Spiel ist. Wie Du bereits erfahren hast, werden dann die Muskeln angespannt und Du beginnst, Dich an den Zügeln festzuhalten. Falls Dein Pferd steigt oder durchgeht, ist es sehr wichtig, dass Du in kleinen Schritten vorgehst und alles anwendest, was ich Dir in den nächsten Kapiteln vermittele. Zeigt das Pferd unter jedem Reiter dieses Verhalten und ist es absolut ausgeschlossen, dass es dazu einen Grund hat, kann es sich auch um erlerntes Verhalten handeln. Das Gute daran ist, dass es dieses Verhalten auch wieder verlernen kann. Am besten suchst Du Dir einen positiv arbeitenden Trainer*in, mit dem Du das Problem angehen kannst.

Dein Pferd ist total cool

Du lauerst die ganze Zeit darauf, dass Dein Pferd zusammenzuckt, doch das einzige, was sich ruckartig an ihm bewegt, ist sein Ohr?

Du erwartest einen heftigen Ausbruch Deines Pferdes, obwohl es ein absolut ausgeglichenes und gut-

Der vorbeidonnernde Zug bringt Dein Pferd nicht aus der Fassung.

mütiges Tier ist? Du weißt eigentlich ganz genau, dass Deine Angst unbegründet ist und kannst sie dennoch nicht abstellen? Du bist damit nicht alleine. Viele Reiter haben Angst davor, ihr Pferd zu reiten, obwohl es absolut geländetauglich und auch ansonsten sehr gechillt ist. In diesen Fällen gibt es meist einen tieferliegenden Grund, Angst zu empfinden. Sei geduldig mit Dir selbst und freu Dich, dass Dein Pferd Dir nicht zusätzlich Anlass zur Angst gibt. Du hast damit tatsächlich sehr viel Glück, denn Dein Pferd kann Deine Unsicherheit und Angst gut kompensieren. Du kannst Dich also voll und ganz auf Dich selbst konzentrieren. In den nächsten Kapiteln lernst Du, wie Du Dich selbst regulieren und Deine Angst beeinflussen kannst. Glaube mir, niemand muss mit Angst leben. Solltest Du das Gefühl bekommen, Du brauchst persönliche Hilfestellung oder es gibt noch etwas für Dich aufzuarbeiten, zögere nicht, Dir diese Hilfe zu suchen.

Das Problem besteht nur bei Deinem Pferd

Ich kenne einige Reiter, die eine Reitbeteiligung haben, weil auf dem eigenen Pferd zu reiten gefühlt ein Ding der Unmöglichkeit ist. Das sorgt oftmals für zusätzliche Scham, weil diese Reiter sich auch den einen oder anderen Spruch anhören müssen. Reitkollegen reagieren oftmals mit Unverständnis, wenn man vor seinem eigenen Pferd Angst hat.

Sehr oft beobachte ich das, wenn Pferd und Reiter sich schon lange kennen. Oft ist das Pferd nämlich eingezogen als es noch sehr jung und unerfahren war. Beim Ausprobieren war es ein sehr unerschrockenes junges Pferd, falls es überhaupt schon unter dem Sattel ging. In der neuen Umgebung jedoch war es mit der Ruhe und gutmütigen Gelassenheit dann vorbei. Rasch tauchen beim Reiter die ersten Zweifel auf: Habe ich mich doch getäuscht? Ist dieses Pferd gar nicht so gelassen? Unter Stallkollegen wird leider auch sehr schnell

Eine neue Umgebung bedeutet immer Stress für das Pferd, auch wenn man es ihm nicht sofort ansieht.

Rat erteilt und ehe man sich versieht, ist das tolle Pferd zum Chaoten mutiert, der Dir vermutlich sediert untergeschoben wurde.
Wenn dem nicht so war, liegt alles bestimmt von Anfang an nur an Dir. Du hast Dein neues Pferd verkorkst. Dies meine ich natürlich ironisch.

Selbstverständlich gibt es Menschen, die so nervös sind, dass sie die frommsten Pferde scheu machen. Aber es ist für ein Pferd auch eine drastische Veränderung, seine Umgebung zu wechseln. Pferde sind Gewohnheitstiere, und so kann es viele Monate dauern, bis ein Pferd sich an einem neuen Ort eingelebt und auf einen neuen Besitzer eingestellt hat. Leider hat das, was bis dahin passiert, Auswirkungen auf die Beziehung zwischen Pferd und Mensch und die Psyche von beiden.

Du solltest sehr ehrlich zu Dir selbst sein, wenn Du feststellst, dass Du nur bei Deinem eigenen Pferd Angst hast. Passt Ihr ansonsten gut zusammen? Wie im übrigen Leben auch kann es uns passieren, dass wir uns in jemanden verlieben, der eigentlich nicht zu unserer Persönlichkeit oder in unser Leben passt. Das geht uns mit Menschen und mit Pferden so. Wenn Du Dein Herz an einen rassigen, aber traumatisierten Spanier oder Portugiesen verlierst, aber von gemütlichen Ausritten im Schritt träumst und auf einem gemütlichen Fjordi reiten gelernt hast, wirst Du mit der Umstellung viel zu tun haben. Sein Herz verliert man schnell, dennoch reicht Liebe nicht immer. Manchmal müssen wir einsehen, dass wir etwas anderes wollen und etwas anderes brauchen, als unser Partner uns geben kann – ob er nun zwei oder vier Beine hat.

Wenn wir selbst harte Zeiten erlebt haben, fühlen wir uns natürlicherweise auch von Pferden angezogen, die es nicht einfach hatten – und das ist in Ordnung. Ja, sie können viel zurückgeben. Es ist wundervoll und herzerwärmend, wenn sie Dir ihr Vertrauen schenken und Euer Herz und Eure Atmung im gleichen Takt geht. Der Weg dahin jedoch ist weit und von Durststrecken durchzogen und das Wichtigste: Dieses Pferd wird Dein Lehrer sein und Du musst hart an Dir arbeiten. Bist Du bereit dazu? Bist Du immer noch bereit dazu, alles für dieses Pferd zu tun, sollte es sich nicht verändern? Ist es in Ordnung für Dich, wenn es gemütliche Schrittausritte hundselend langweilig findet und Du Dir und Deinem Pferd eine andere Disziplin suchen musst?

Veränderst Du Dich, verändert sich Dein Pferd – an diesem Grundsatz lässt sich nicht ruckeln. Die Frage ist aber: Wird die Veränderung Deines Pferdes genug Veränderung für Dich bedeuten? Wärst Du glücklicher mit einem anderen Charakter? Mit einem Pferd, das, genau wie Du, die gemütlichen Runden genießt?

Diese Fragen und ihre Antworten bedeuten nicht, das Du heute etwas entscheiden musst oder solltest. Du hast dieses Buch gekauft, weil Du Dir Hilfe für Dich erhoffst, weil Du Deine Ängste loswerden möchtest.

Und ich bin absolut sicher, dass Dir dies gelingen kann. Solltest Du aber irgendwann merken, dass Dein Pferd für Dich einfach nicht das richtige ist, ist es absolut in Ordnung, sich zu trennen. Zu oft halten wir viel zu lange an Beziehungen fest, die einfach nicht funktionieren. Wir schieben jeden Gedanken an Trennung beiseite. Wenn Du merken solltest, dass Du bei dem Gedanken an Trennung Erleichterung fühlst, ist dies ein Hinweis darauf, dass Du nicht mehr mit allem an dieser Beziehung festhältst. Wenn Du Dich änderst und Dein Pferd sich ändert, es aber nicht reicht, damit Du Dich weiterhin mit ihm wohlfühlen kannst, bist Du es Deinem Pferd schuldig, ihm ein gutes neues Zuhause zu suchen; ich denke, das ist selbstverständlich.

Ich habe selbst zwei traumatisierte Pferde und ich habe viele Reiterinnen und Reiter mit traumatisierten Pferden begleitet. Ich habe gesehen, dass es möglich ist, seine Ängste loszuwerden, obwohl das Pferd weiterhin Probleme mit gewissen Dingen hat. Ich habe von Reitern gehört: »Wer soll ihn denn nehmen, so wie er ist? Entweder ich schaffe es mit ihm klarzukommen oder er wird zum Wanderpokal oder kommt in die Wurst.« Wenn es das ist, was Du denkst, wirst Du Geduld und Disziplin brauchen.

Ja, tatsächlich wird Disziplin sehr wichtig für Dich sein, denn Du wirst die Übungen in diesem Buch immer wieder ausüben müssen. Zudem bist Du in einer schwierigeren Position als zum Beispiel der Reiter mit der coolen Socke. Du kannst genauso weit kommen wie dieser, aber Du wirst mehr investieren müssen. Bist Du bereit dazu?

Das Problem hat Dein Pferd nur mit Dir

Nur mit Dir zeigt Dein Pferd Ängstlichkeit oder Widersetzlichkeiten? Andere empfinden Dein Pferd als lammfromm? Nur Du sagst, Du traust ihm nicht recht? Dies ist keine schlechte Ausgangssituation. Zumindest weißt Du so, dass Dein Pferd sich anders verhalten kann und dass es Dich spiegelt. Du bist das Problem. Das mag im ersten Moment eine unangenehme Einsicht sein, aber es ist deutlich einfacher zu lösen, als wenn auch Dein Pferd ein massives Problem hätte. Denn Dich kannst Du ändern. Auch wenn Du Dich im Moment noch Deinen Ängsten ausgeliefert fühlst – Du bist es nicht. Du kannst Deinem Leben eine andere Richtung geben und Dein Sicherheitsgefühl beim Reiten verbessern. Und dann verändert sich auch das Verhalten Deines Pferdes.

2.0 Wie Pferde spiegeln

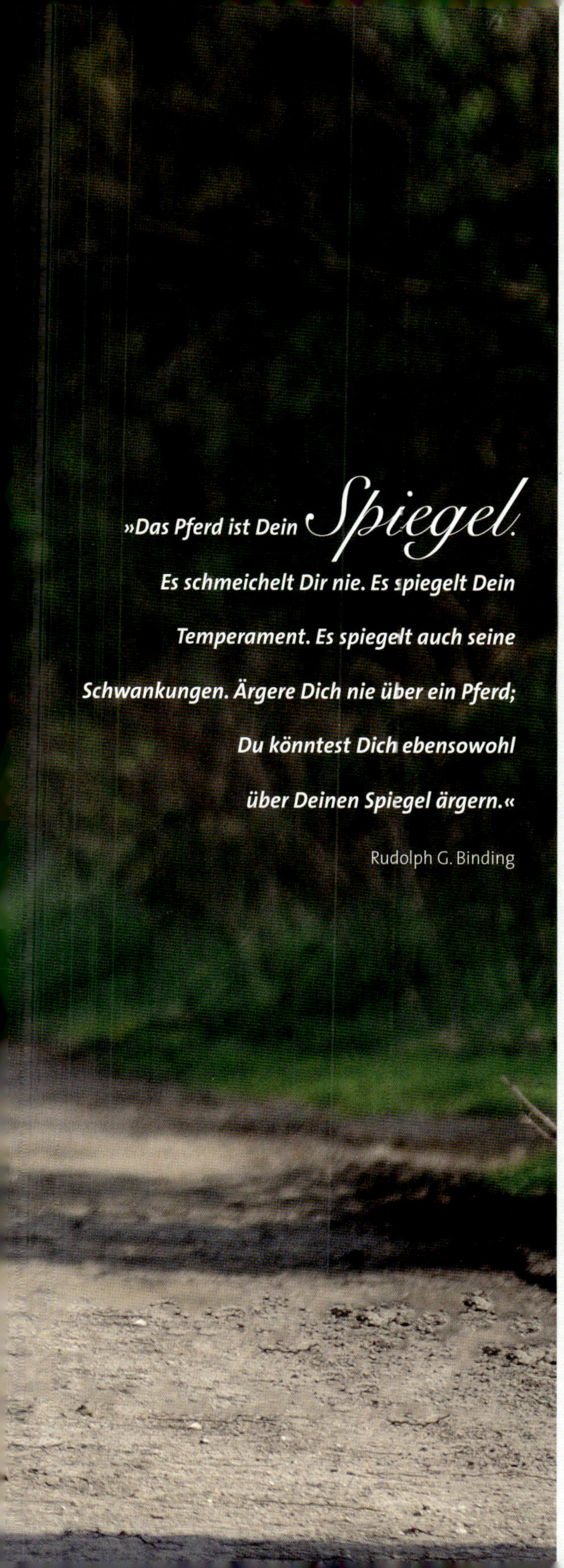

»Das Pferd ist Dein Spiegel. Es schmeichelt Dir nie. Es spiegelt Dein Temperament. Es spiegelt auch seine Schwankungen. Ärgere Dich nie über ein Pferd; Du könntest Dich ebensowohl über Deinen Spiegel ärgern.«

Rudolph G. Binding

Die Menschheitsgeschichte ist ohne das Pferd nicht denkbar. Das Pferd war und ist ein Tier, das in unserer Geschichte eine fundamentale Rolle spielte. Eine dieser Rollen ist die des heilenden Wesens. Seit den alten Griechen werden dem Pferd heilende oder therapeutische Fähigkeiten zugeschrieben. Heutzutage kennen wir zahlreiche pferdegestützte Interventionen, in denen das Pferd (Co-)Heiler oder (Co-)Therapeut ist. Es gibt die Hippotherapie, pferdegestützte Physiotherapie, Logopädie oder Ergotherapie, pferdegestütztes Lernen oder Coaching und auch die pferdegestützte Psychotherapie.

Ein Grund für die therapeutische Wirkung von Pferden ist, dass ihr Bewegungsmuster die menschlichen Gehirnhemisphären und unser Gleichgewichtssystem stimuliert. Dieses Bewegungsmuster kann auch Erinnerungen und Gefühle triggern. Durch den Körperkontakt zum Pferderücken werden zum Beispiel Traumaerinnerungen in Bezug auf sexuelle Übergriffe wach. Wenn Du zu den Betroffenen sexueller Gewalt gehörst und Dich heftige Gefühle auf dem Pferderücken überfluten, könnte dies die Ursache sein. Ich möchte dieses Thema nur kurz erwähnen, denn es geht weit über das Thema dieses Buches hinaus, dennoch begegne ich diesem Problem in meinem Alltag häufiger als mir lieb ist.

Ein anderer Grund, warum Pferde so gerne in Therapie und Coaching eingesetzt werden, ist, dass sie den Menschen spiegeln und absolut authentisch sind. Pferde spiegeln uns, weil ihre Antwort auf uns beinhaltet, was unsere Anwesenheit ihnen mitteilt. Darauf möchte ich genauer eingehen.

Pferde haben eine therapeutische Wirkung auf uns.

2.1 Warum Pferde spiegeln

»Jede Form von arglistiger Täuschung ist der Natur der Pferde und ihrem Wesen absolut fremd. Heimtücke und widersprüchliche Handlungsweisen sind rein menschliche Eigenschaften.«

Susanne Kreuer

Das Pferd als Flucht- und Beutetier ist darauf angewiesen, in Millisekunden darüber zu entscheiden, ob ein Lebewesen eine potenzielle Gefahr darstellt oder nicht. Im Zweifel wird es erst einmal flüchten. Seine Fluchtdistanz ist jedoch relativ kurz und nach kurzer Zeit wird das Pferd sich der potenziellen Gefahrenquelle wieder zuwenden, um diese genauer in Augenschein zu nehmen. Ob ein Lebewesen als potenziell gefährlich erscheint, ist abhängig von dessen Geruch, Muskeltonus und Atmung.

Der Mensch nimmt unter den Lebewesen eine Sonderstellung ein, denn er kann Gefühle unterdrücken, sie verdrängen, versuchen, etwas vorzutäuschen und auch andere belügen. Diese Taktiken haben jedoch Auswirkungen auf seine Mimik, Herzfrequenz, Atmung, Muskeltonus, die Ausschüttung des Muskeltonus und schlussendlich auch auf den Geruch.

Einem Pferd kannst Du nichts vormachen. Ein Pferd kannst Du nicht belügen. Ein Pferd sucht nach Kongruenz, das heißt: Entspricht das, was Du nach außen hin zeigst, Deinem inneren Empfinden? Ist dies nicht der Fall und versuchst Du zum Beispiel Ruhe auszustrahlen, obwohl Du gerade einen heftigen Streit mit Deinem Partner hattest und eigentlich vor Wut kochst, ist diese Inkongruenz für Dein Pferd nur schwer zu ertragen. Wie problematisch dies für Dein Pferd ist, hängt sehr von seiner eigenen psychischen Struktur, seiner Rasse und seinen Erfahrungen ab. Du kennst sicher auch Pferde in Deinem Umfeld, die alles mit stoischer Ruhe ertragen und die nichts so leicht aus der Fassung bringen kann.

Sehr wahrscheinlich kennst Du auch das Gegenteil: Ein Pferd, das in Millisekunden explodiert und generell ein sehr hohes Erregungsniveau hat. Solch ein Pferd wird Deine unbewussten Gefühle deutlich schlechter kompensieren können.

Auf der anderen Seite gibt es auch Menschen, die auf jedes Pferd Ruhe ausstrahlen, und Menschen, die jedes noch so verlässliche Pferd in Sekunden zum Paniker machen können.

Ebenso wie wir Menschen, aber auch alle anderen Säugetiere, verfügen Pferde über sogenannte Spiegelneuronen, eine ganz besondere Gruppe von Nervenzellen im Gehirn. Durch unsere Spiegelneuronen können wir nachempfinden, was in anderen vorgeht und ihr Verhalten nachahmen oder spiegeln. Dieser Prozess läuft instinktiv ab und erlaubt uns Nähe und Gruppenzusammengehörigkeit zu erleben. Pferde sind hochsoziale Wesen und durch ihr Zusammenleben im Herdenverbund ist das Spiegeln für sie überlebenswichtig. Wenn Gefahr droht, bewegt sich die Herde als Ganzes, weil Pferde sich gegenseitig nachahmen.

Die ganze Gruppe ist entspannt.

Gemeinsam flüchtet es sich besser

2.2 Was Pferde spiegeln

»Das Wissen um die wahre Natur der Pferde ist die erste Grundlage der Reitkunst und jeder Reiter muss daraus sein Hauptfach machen.«

Francois Robichon de la Gueriniere

Pferde spiegeln Dich sowohl körperlich als auch emotional. Das körperliche Spiegeln Deines Pferdes erfährst Du insbesondere beim Reiten. Wenn Du nicht losgelassen auf Deinem Pferd sitzt, wird es sich unter Dir nicht losgelassen bewegen können. Das hast Du sicher schon einmal gehört und es ist tatsächlich so. Dein Pferd achtet auf Deine Muskelspannung und versucht sich dieser anzupassen. Fortwährend versucht es mit Dir in Balance zu kommen. Es ist eigentlich auch ganz logisch. Hattest Du schon mal einen Rucksack auf, der irgendwie sehr fest und steif war und Deine Bewegungen nicht richtig mitgemacht hat? Wahrscheinlich konntest Du Dich damit nicht geschmeidig bewegen, sondern hast Dich etwas beim Tragen verspannt. Ein Rucksack hingegen, der sich Deinem Körper in der Bewegung anpasst, schränkt Dich nicht ein und Du kannst Dich frei bewegen.

Nicht alle Pferde spiegeln den körperlichen Zustand des Reiters in aller Deutlichkeit, aber einige spiegeln sogar die Anspannung in bestimmten Muskelpartien eins zu eins. Macht der Reiter in der Piaffe ein Hohlkreuz, zeigt das Pferd es auch.

Mein Iberer zum Beispiel reagiert sehr stark auf Anspannung in meiner Nackenmuskulatur. Ist der Muskeltonus dort zu hoch, wird er zum Giraffenpferd und streckt den Kopf nach oben. Erst wenn ich es schaffe, im Nacken loszulassen, tut er es auch.

In Bezug auf Deine Ängste ist vor allem auch das emotionale Spiegeln wichtig. Pferde spiegeln Deine Gefühle, sowohl die, die Du offen zeigst, als auch die Gefühle, die Du unterdrückst. In Situationen, in denen

Das Pferd spiegelt Dich körperlich und emotional.

das Pferd Co-Therapeut oder Co-Coach ist, wird sehr deutlich, wenn es unterdrückte Gefühle spiegelt. Diese unterdrückten Gefühle sind oftmals derart, dass sie sozial nicht akzeptiert sind und wir sie deshalb unterdrücken. Oftmals ist uns selbst gar nicht bewusst, dass wir das tun. Typische unbewusste Gefühle sind Trauer und auch Wut. Beides zeigt sich beim Pferd in einem gesteigerten Erregungsniveau und auch in einer gewissen Aggressivität.

Ein Gefühl, das wir oft bewusst zu unterdrücken versuchen, ist Angst. Auch hierbei steigt das Erregungsniveau im Pferd und es bringt seine zunehmende Nervosität zum Ausdruck.

2.3 Welchen Einfluss Du darauf hast

»Ich will alles daran setzen und mein Bestes geben, damit diese Pferde in ihrem freundlichen Wesen gut über mich urteilen und damit Harmonie walte, getragen vom Einvernehmen zwischen zwei Lebewesen.«

Nuno Oliveira

Du solltest nicht beeinflussen wollen, dass ein Pferd spiegelt, denn dies gehört zu seiner Natur. Ein Pferd kann Dir helfen zu erkennen, was in Dir liegt und verdient dafür Deinen Respekt.

Natürlich hast Du großen Einfluss auf das, was Dein Pferd Dir spiegelt. Wenn Du Dich Deinen verdrängten Emotionen stellst, muss Dein Pferd Dir nicht mehr zeigen, was bei Dir im Verborgenen liegt. Dein Pferd ist ein sensibles Tier mit Bedürfnissen und Gefühlen, das sich am wohlsten in der Gemeinschaft anderer Pferde und in einem stabilen Gruppenverband fühlt. Ich sage hier absichtlich nicht Herdenverband, denn diesen können die wenigsten Pferdebesitzer

Die Pferdegrupppe hat etwas Spannendes entdeckt.

ihren Pferden bieten. Eine Herde ist eine Gruppe von Pferden, die miteinander verwandt sind. Unsere Gruppenhaltungen gleichen eher wie gesagt zusammengewürfelten Wohngemeinschaften mit ganz unterschiedlichen Pferderassen. Da zieht mal ein Pferd aus oder ein und es gibt keine beständige Gruppe wie in der freien Natur. Wichtig ist natürlich auch, dass die Bedürfnisse des Pferdes nach Sicherheit, Nahrungsmitteln und Wasser erfüllt werden. Ansonsten weißt Du nie, ob das »Spiegeln« Deines Pferdes einfach sein individueller »Stress« ist, weil es nicht wie ein Pferd gehalten wird.

Was sonst ist einem Pferd wichtig?

Vielleicht ist Dir schon einmal aufgefallen, dass Pferde in ihrer Gruppe sehr aufeinander achten. Folgende Szene kann man oft auf der Weide beobachten: Ein Pferd hört ein komisches Geräusch, nimmt den Kopf hoch und sieht aufmerksam in die Richtung, aus der es das Geräusch gehört hat. Nun sieht man auch andere Pferdeköpfe hochschnellen. Alle sehen in die gleiche Richtung. Einige wenige grasen unbeirrt weiter. Eins der Pferde gibt dann Entwarnung, indem es den Kopf senkt, und alle anderen folgen. Wenn Du eine gute Bindung zu Deinem Pferd hast, ist dies eine Möglichkeit, Deinem Pferd zu signalisieren, dass das, was es fürchtet, keine Gefahr darstellt.

Mensch spiegelt Pferd ...

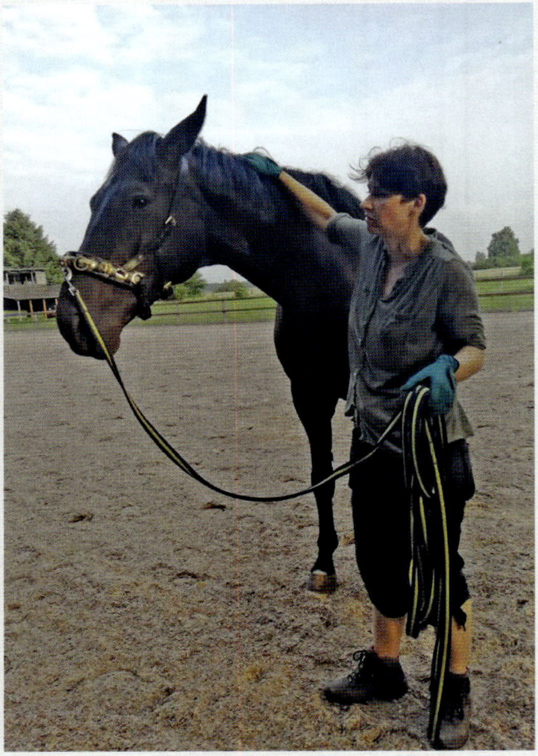

... und Pferd spiegelt Mensch.

Wie Du Dein Pferd spiegelst

Dein Pferd ist aufgeregt und sieht angespannt in eine Richtung? Richte Dich auf, sieh starr in die gleiche Richtung und halte kurz die Luft an. Dann gibst Du Entwarnung, indem Du ausatmest, Deine Muskelspannung runterfährst und woanders hinsiehst.

Dafür spiegelst Du sein Verhalten und siehst Dir an, was es hat aufgeregt sein lassen und signalisierst ihm, dass da nichts Beunruhigendes ist.

Wie bereits erwähnt, achten Pferde unter anderem auf Atmung und Muskeltonus, sowohl untereinander, als auch bei Dir. Pferde sind wachsame Geschöpfe; das können sie nur sein, weil sie im Jetzt leben. Erwachsene Menschen hingegen müssen dies oft erst wieder lernen. Achtsamkeit ist ein Schlüssel, um im Moment zu leben, und dadurch ist es auch eine Möglichkeit, Deine Ängste einzudämmen.

Deine Ängste entstammen der Vergangenheit. Ertappst Du Dich manchmal bei dem Gedanken an etwas Schlimmes, das Dir einmal passiert ist, z.B. der Gedanke an einen Sturz oder andere Momente, die Du nicht mehr erleben möchtest? Dann weißt Du, was ich meine, wenn ich sage, dass wir oft in der Vergangenheit leben. Einen anderen Teil unserer Zeit verbringen wir mit der Zukunft. Wir malen uns aus, was der Tag so bringt, wie es wohl sein wird, wenn wir das nächste Mal aufs Pferd steigen, ob alles gut geht oder ob wir vor Angst wieder nicht tun können, was unsere Trainer von uns möchten etc. In den seltensten Momenten leben wir im Jetzt.

Ein buddhistisches Gleichnis zur Achtsamkeit:

Es kamen ein paar Suchende zu einem alten Meister und wollten wissen, wie er es schaffe, glücklich und zufrieden zu sein. Sie wären auch gerne so glücklich wie er.

Der Meister antwortete: »Wenn ich liege, dann liege ich. Wenn ich aufstehe, dann stehe ich auf. Wenn ich gehe, dann gehe ich und wenn ich esse, dann esse ich.« Die Fragenden schauten etwas betreten in die Runde.

Einer sagte: »Was Du sagst, tun wir auch. Wir schlafen, essen und gehen. Aber wir sind nicht glücklich. Was ist also Dein Geheimnis?«

Es kam die gleiche Antwort des Meisters: »Wenn ich liege, dann liege ich. Wenn ich aufstehe, dann stehe ich auf. Wenn ich gehe, dann gehe ich und wenn ich esse, dann esse ich.«

Nachdem die Suchenden unzufrieden wurden, fügte der Meister nach einer Weile hinzu: »Sicher liegt auch Ihr und Ihr geht auch und Ihr esst. Aber während Ihr liegt, denkt Ihr schon ans Aufstehen. Während Ihr aufsteht, überlegt Ihr, wohin Ihr geht, und während Ihr geht, fragt Ihr Euch, was Ihr essen werdet. So sind Eure Gedanken ständig woanders und nicht da, wo Ihr gerade seid. Das Leben findet immer nur im Jetzt statt. Lasst Euch auf diesen Augenblick ganz ein und Ihr habt die Chance, wirklich glücklich und zufrieden zu sein.«

Wie oft bist Du mit Deinem Pferd auch gedanklich bei dem, was Ihr gerade tut? Ein Pferd lebt im Jetzt. Wenn es Gras frisst, denkt es nicht drüber nach, ob Du heute einen Ausritt planst und ob es wohl wieder Wildschweine riechen wird, mit dem Ergebnis, sich darüber in Gedanken jetzt schon zu erschrecken und sofort zu fliehen. Du aber bist oft mit Dei-

Pferde leben im Jetzt.

Bin ich mit meinem Bewusstsein ganz beim Pferd? Oder bin ich mit meinen Gedanken woanders?

nen Gedanken dem Jetzt weit voraus oder hinkst ihm hinterher. Wenn Du in den Stall kommst, bist Du in Gedanken vielleicht noch bei der Arbeit oder bei dem, was Du machen musst, wenn Du den Stall wieder verlassen hast. Wann hast Du Dein Pferd das letzte Mal ganz bewusst geführt?

Beim Satteln denkst Du ans Reiten und beim Absatteln schon an die heimische Couch, vielleicht auch an etwas anderes. Fühlst Du Dich ertappt?

Kennst Du die Menschen, die gedankenverloren auf ihr Handy starren, während ihr Pferd ihnen hinterherschlurft? Oder Reiter, die beim Warmreiten oder beim Cool-down schon mal mit jemandem telefonieren? So schlägt man zwei Fliegen mit einer Klappe, schließlich ist Warmreiten oder Trockenreiten ja so etwas wie verschwendete Zeit, oder?

Nein, selbstverständlich ist es das nicht. Wenn Du möchtest, dass Du und Dein Pferd eine tolle Verbindung habt, dass es auf Dich achtet und fein auf Deine Hilfen reagiert, solltest Du Deinen Partner mit Respekt behandeln und mit all Deinen Sinnen so bei ihm sein, wie er bei Dir. Wir Menschen können das nur halb so gut wie Pferde, deshalb müssen wir uns dabei Mühe geben. Das geht nur, wenn wir uns in Achtsamkeit üben und im Jetzt bleiben. Nur dann bist Du mit Deiner Aufmerksamkeit bei dem, was ist und kannst tief in den Bauch atmen – etwas das Pferde als sehr beruhigend empfinden. Nur dann erlangst Du Bewusstheit über Deine Gefühle und das, was in Dir liegt, und nur dann braucht ein Pferd Dir nicht zu offenbaren, dass Du inkongruent bist. Dann muss Dein Pferd Dich nicht mehr so extrem spiegeln.

Wie Du deutlich achtsamer wirst, erläutere ich im Kapitel »Wege aus der Angst«.

2.4 Equihypnose: Veränderst Du Dich, verändert sich Dein Pferd

»Kein Geheimnis ist so tief wie das zwischen einem Reiter und seinem Pferd.«

Robert Smith Surtees

Immer wieder höre ich von Klienten, dass sich ihr Pferd nach einer Sitzung komplett verändert hat. Meine Klienten erstaunt das sehr, denn in den meisten Fällen habe ich nur mit dem Klienten an seinen Problemen gearbeitet. Was erwartbar ist und was vielen Reitern recht normal zu sein scheint, ist das Folgende: Bleibt der Reiter ruhig, hat das Pferd keine Veranlassung mehr, sich aufzuregen und bleibt ebenfalls ruhig. Doch tatsächlich gehen die Veränderungen weit darüber hinaus. Ich möchte Dir dazu einige Beispiele geben.

Miriam hatte immer wieder Probleme mit ihrem Wallach Toni. Alles begann mit einem Ausritt, bei dem sich ihr Pferd erschrocken hatte und durchgegangen war. Sie konnte ihn nicht durchparieren und begann auf einem Stoppelfeld in immer kleiner werdenden Kreisen Tonis Tempo zu drosseln, bis er anhielt. Total erschöpft sprang sie aus dem Sattel. Und obwohl sie oben geblieben und alles gut ausgegangen war, malte sie sich aus, was hätte passieren können, wenn sie ihr Pferd nicht hätte bremsen können. Weiter geradeaus verlief eine vielbefahrene Landstraße und sie spielte in ihrem Kopf durch, wie das wohl geendet hätte – in einer Katastrophe nämlich.

Ausreiten kann auch Spaß machen …

Sie führte Toni zum Stall zurück, denn noch immer waren ihre Knie viel zu weich, als dass sie sich erneut auf ihren jetzt wieder ruhigen Wallach gesetzt hätte. Sie war froh, heile am Stall anzukommen und nahm sich vor, beim nächsten Ausritt jemanden mitzunehmen.

Der nächste Ausritt, diesmal in Begleitung, endete leider auch nicht so gut. An der gleichen Stelle wie beim letzten Mal startete Toni durch. Wieder konnte er erst nach einiger Zeit zum Stehen gebracht werden, und Miriam konnte sich überhaupt nicht erklären, was die Ursache dafür war. Nach einigen weiteren Ausreitversuchen, bei denen Toni jedes Mal durchging, wollte Miriam eine Ausreitpause einlegen und ritt vermehrt auf dem Außenplatz und in der Halle. Doch es war wie verhext. Toni, der früher immer gute Nerven bewiesen hatte, ließ sich immer mehr durch Geräusche und Gegenstände beeindrucken, die ihn früher kalt gelassen hätten. Eines Tages ritt Miriam Toni gerade auf dem Außenplatz, als ein Trecker die Straße entlangfuhr. Miriam verspannte sich und Toni zog an. Sie drehten ein paar Runden im Jagdgalopp und Miriam hatte in jeder Kurve Angst, dass sie nun ausrutschen würden. Endlich blieb er stehen. Seit diesem Tag war auch der Außenplatz nicht mehr sicher. Miriam ritt ausschließlich in der Halle als ich mit ihr arbeitete. Eine Woche nachdem wir miteinander gearbeitet hatten, bekam ich die Rückmeldung, dass Toni sich total geändert hätte. Er würde wiehern, wenn sie käme, und wäre insgesamt irgendwie schmusiger. Sie würden sich einfach besser verstehen und hätten bereits einen Schrittausritt unternommen. Auf dem Platz sei er nicht einmal mehr durchgegangen.

Dies war für mich das erste Mal, dass ich von einer Klientin hörte, ihr Pferd habe sich nach unserer Arbeit gewandelt. Seitdem höre ich dies von vielen meiner Klienten. Die Pferde werden ruhiger, entspann-

Dein Pferd wird insbesondere dann gut auf Dich hören, wenn Du im Hier und Jetzt bist.

ter, regen sich nicht mehr so schnell auf und honorieren es offenbar, wenn der Mensch bereit ist, an sich zu arbeiten. Es ist wirklich so: »Änderst Du Dich, ändert sich Dein Pferd.«

Auch durch kurze Interventionen zeigt sich beim Pferd eine deutliche Veränderung. Ich habe in der Vergangenheit Reittherapeuten ausbilden dürfen, mit dem Schwerpunkt auf pferdegestützter Psychotherapie und Coaching. Ich habe dabei auch in Hypnose ausgebildet und die Pferde haben deutlich auf die Hypnose oder Selbsthypnose des Menschen reagiert. Wenn das Pferd vor der Hypnose den Menschen gemieden oder Anzeichen von Nervosität oder Stress gezeigt hat, beruhigte es sich deutlich, wenn der Mensch in Trance war. Nach der Hypnose reagierten die Pferde deutlich zugewandter und freundlicher auf den Menschen. Teilweise waren sie erst nach der Hypnose am Menschen interessiert.

Diese Spiegelung durch Dein Pferd kannst Du Dir zunutze machen. Mit Deinem Pferd hast Du einen Sparringspartner an Deiner Seite, der Dir deutlich zeigen wird, was gut funktioniert. Auch wenn Du selbst noch keine positiven Veränderungen spürst, ist es ein deutliches Zeichen, wenn Dein Pferd sich gelassener verhält. Benutze Dein Pferd als Maßstab, wenn es darum geht zu beurteilen, welche Übungen Dir helfen – auch wenn Du selbst dabei noch nichts bemerkst.

Manches kann sich sehr schnell ändern und anderes ist ein Prozess. Es ist normal, wenn Du nicht sofort eine dramatische Änderung bemerkst. Oft braucht es Wochen, in denen das Unterbewusstsein aufarbeiten muss, was Du in den Selbsthypnosen angestoßen hast. Bei den Übungen, die Du im Beisein Deines Pferdes durchführst, wirst Du eine sofortige Rückmeldung bekommen.

Alle Übungen in den folgenden Kapiteln werden Dein Reiten und insbesondere Deinen Sitz positiv beeinflussen. Auch das wird Dein Pferd honorieren. Du wirst bemerken, dass es losgelassener unter Dir läuft und dass es zum Schreiten kommt. Du wirst mit Deinen Vorstellungen spielen können, um sie für Dein Reiten zu benutzen und Deine Hilfen effizienter zu geben. Auch wird sich Deine Sattelfestigkeit immens verbessern. Es gibt Dir zusätzliche Sicherheit, wenn Du weißt, dass Du es sitzen kannst, wenn Dein Pferd sich tatsächlich erschrickt und einen Sprung zur Seite macht. Auch wirst Du reaktionsschneller werden. Dein Aufwand wird also auf jeden Fall belohnt werden.

Zwei, die sich verstehen.

Teil 2

»Unsere größte *Schwäche* liegt im Aufgeben.
Der sicherste Weg zum *Erfolg* ist immer, es noch einmal zu versuchen.«

Thomas Alva Ediso

3.0 Wege aus der Angst

Nachdem wir uns in Teil 1 hauptsächlich damit beschäftigt haben, wie Ängste sich äußern und wie sie entstehen, möchte ich Dir jetzt helfen, Deine Ängste zu verändern. Du bist Deinen Ängsten nicht schutzlos ausgeliefert, sondern Du kannst sie beeinflussen und auflösen.

Hast Du Deine Angstsymptome und Deine Angst auf einer Skala einsortiert (vgl. Seite 23)? Damit hast Du einen Maßstab für die Angst, denn wenn Du die Intensität Deiner Angst gemessen hast, kannst Du viel besser erkennen, was Dir hilft. Überprüfe immer wieder einmal, wie die Angst sich durch die nachfolgenden Übungen verändert. Das wird Dir helfen, auch selbst Veränderungen zu erkennen, und Du musst Dich nicht ausschließlich auf die Rückmeldung Deines Pferdes verlassen.

Erstaunlicherweise sind wir selbst oft diejenigen, die unsere eigenen Veränderungen zuletzt wahrnehmen. Wenn Du Deine Angst skaliert hast, wird es Dir leichter fallen, weil Du einen Vorher-/Nachher-Vergleich hast. Ansonsten könnte es Dir so gehen, dass Du erst nach Monaten spürst, dass Deine Angst deutlich geringer geworden ist. Wir erwarten oft, dass sich Veränderungen von einem Moment auf den anderen zeigen. Bei diesem Thema geschehen Veränderungen jedoch oft graduell und prozesshaft. Mit hypnotischen Interventionen arbeitest Du auf einer sehr tiefen Ebene. Die Veränderungen wirken nachhaltig, können aber etwas Zeit brauchen, bis sie sich zeigen. Alles, was Du auf dem Pferd oder im Umgang mit ihm umsetzen kannst, wird Dir auch in akuten Situationen helfen, Dir ermöglichen, Dich weiterzuentwickeln und Dich Deinen Ängsten zu stellen, während im Unterbewusstsein der Veränderungsprozess arbeitet.

Falls Du Deine Angst noch nicht quantifiziert und auf der Skala eingeordnet hast, hole dies jetzt nach, bevor Du weiterliest.

3.1 Die Kontrolle bekommen

Bei jeder Art von Angst geht es um das Gefühl des Kontrollverlustes. Mit einem Pferd an Deiner Seite oder unter Dir, interagierst Du mit einem Lebewesen, das Du nicht immer kontrollieren kannst. Du kannst nur Dich selbst kontrollieren, Deine Aktionen und Reaktionen, und diese beeinflussen Dein Pferd.

Bisher ist es vielleicht so, dass Du mit Angst reagierst, wenn Dein Pferd kurz zusammenzuckt, weil Du erwartest, dass es gleich zur Seite springt, Du den Sprung vielleicht nicht sitzen kannst und deswegen hinunter-

fällst. Wenn Du solch eine Erwartung hast, reagierst Du mit Spannung in Deinem Körper. Deine Atmung wird flacher, vielleicht hältst Du auch die Luft an. Stresshormone werden ausgeschüttet und der Muskeltonus steigt. Dein Körperschwerpunkt rutscht ein Stück nach oben und Du sitzt nun verkrampft »über« Deinem Pferd. In diesem Modus hast Du keine Kontrolle mehr. Du hast Deinen Sitz aufgegeben und kannst keine Hilfen mehr geben.

Da Du das Verhalten Deines Pferdes nicht unmittelbar ändern kannst, ist es sinnvoll zu lernen, Dich selbst zu kontrollieren und zu ändern.

Ein ganz wichtiger Punkt dabei ist die Atmung. Mit unserer Atmung steht und fällt alles. Wenn wir auf die Welt kommen, beginnt unser Leben mit dem ersten Atemzug und es endet mit dem letzten.

Vielleicht kennst Du die folgende Übung, wenn Du Dich schon mal mit Centered Riding – Reiten aus der Körpermitte – von Sally Swift auseinandergesetzt hast. Sie wird »Weiche Augen« genannt und gehört zu den Basics von Centered Riding, d.h. wir sollten sie grundsätzlich immer anwenden, also darauf achten, dass wir stets mit »weichen Augen« reiten. Gerade für Reiter mit Angst ist diese Übung sehr wichtig.

ÜBUNG »Weiche Augen«

>>> Stell Dich so hin, dass Du einen guten Stand hast und Deine Füße circa schulterbreit auseinander stehen. Beuge Deine Knie ganz leicht, sodass Du etwas in den Knien federn könntest, wenn Du wolltest.

>>> Suche Dir nun einen Punkt auf Augenhöhe gegenüber von Dir und fixiere diesen Punkt. Starre ihn an und konzentriere Dich ganz auf diesen einen Punkt. Während Du das tust, spüre in Deinen Körper hinein und nimm Deine Atmung wahr. Wichtig ist, dass Du weiter starrst. Spüre in Dich hinein, ob Du die Luft anhältst oder Dein Atem fließt, spüre auch, bis wohin die Atmung geht. Atmest Du in die Brust oder hast Du das Gefühl bis tief in den Bauch zu atmen? Wenn Du Deine Atmung wahrgenommen hast, lass Deinen Blick weich werden. Erlaube Deinem Blickfeld größer zu werden und starre nicht mehr. Vielleicht hast Du sogar das Gefühl, hinter den Punkt zu sehen. Du kannst auch wahrnehmen, was sich seitlich von Dir befindet, was Dich umgibt, obwohl Du weiterhin den Punkt ansiehst – Du fokussierst nur nicht mehr so extrem.

>>> Während Du den Punkt weich ansiehst, spüre wieder in Deinen Körper hinein und nehme wahr, wie Du jetzt atmest.

>>> Wenn Du das Gefühl hast, nun etwas tiefer zu atmen oder dass die Atmung nun fließender ist, ist alles so, wie es sein sollte. Wir können diese Übung gleich noch etwas ausweiten und das Zentrieren dazu nehmen, doch zuerst gebe ich Dir eine Hilfestellung, falls Du die Übung schwierig fandest.

> *Punkt fixieren*

Du spürst Deine Atmung nicht

Wenn Du Deine Atmung nicht spürst, erlaube Dir, Deine Atmung einfach zu beobachten. Lege Deine Hände auf den Bauch und spüre, wie Dein Bauch sich unter Deinen Händen ausdehnt, wenn Du einatmest, und wie er flacher wird, wenn Du ausatmest. Probiere es mehrfach aus und setze Dich dabei nicht unter Druck. Wir sind es nicht gewöhnt, uns auf unsere Atmung zu konzentrieren, da wir nicht darüber nachdenken müssen. Unsere Atmung wird unbewusst gesteuert und so fällt es uns manchmal schwer, sie wahrzunehmen.

> Die Hände auf dem unteren Bauch helfen Dir, Deine Atmung deutlicher wahrzunehmen.

Du spürst keinen Unterschied zwischen starren und »weichen Augen«

Lege Dir auch dazu Deine Hände auf den Bauch und spüre, ob die Bewegung des Bauches beim »weichen« Blick etwas größer ist. Ein kleiner Unterschied reicht.

Du spürst trotzdem keinen Unterschied?

Dann gehen wir zum Zentrieren über, oft hilft das.

1. Zentrieren – die Kugel

>>> Du stehst weiterhin mit den Füßen circa schulterbreit auseinander. Wenn Du möchtest, schließe die Augen. Wenn Du denkst, Du könntest dabei anfangen zu schwanken, oder wenn Du Dich mit geschlossenen Augen unsicher fühlst, fixiere einen Punkt auf dem Boden, der etwas weiter von Dir weg ist, sodass Du nach unten siehst, aber den Kopf nicht beugen musst.

> Zentrieren bei geschlossenen Augen.

>>> Stell Dir nun vor, dass Du in Deinem Bauch eine Kugel oder einen Ball hast. Dies kann auch ein Licht oder eine Wolke sein, wenn Dir die Idee mit der Kugel unangenehm sein sollte. Was immer Du Dir vorstellst, darf für Dich angenehm sein und hübsch aussehen. Stell Dir nun vor, der Ball, die Kugel, die Wolke oder das Licht sinkt in Deinem Bauch nach unten – bis sie in Deinem Becken zum Liegen kommt. Dein Becken ist wie eine Schale geformt und bietet der Kugel, Wolke oder dem Licht einen guten und sicheren Platz. Wenn Du Dich bewegen würdest, würde sich auch die Kugel leicht mitbewegen und vielleicht etwas hin- und herrollen. Dennoch wäre sie dort in Deinem Becken gut und sicher aufgehoben.

>>> Während Du Dir die Kugel in Deinem Becken vorstellst, öffne die Augen und sieh weich nach vorne. Wie atmest Du jetzt?

>>> Hast Du vielleicht das Gefühl, noch tiefer zu atmen, oder fühlst Du Dich stabiler?

>>> Wenn nicht, sieh Dir die Probleme und Lösungsmöglichkeiten an.

Du findest es gruselig, Dir etwas in Deinem Körper vorzustellen

Wenn Du die Idee furchtbar findest, dass etwas in Dir ist, gibt es einen anderen Weg. Lege dazu eine Hand auf Deinen unteren Bauch – mindestens zwei Fingerbreit unter Deinen Bauchnabel – und konzentriere Dich auf diese Region. Es reicht, wenn Du bemerkst, dass Dein Unterleib da ist.

Die Atmung wird nicht tiefer

Versuch es eventuell anders herum. Manchen hilft es, die Reihenfolge zu ändern, damit wir etwas besser spüren können oder es für uns mehr Sinn macht. Zentriere Dich zuerst und sorge dann für einen weichen Blick.

Der Sinn des Zentrierens und der weichen Augen beim Atmen

Die meisten Menschen heben ihren Brustkorb zu stark an, wenn man ihnen sagt, dass sie tief in den Bauch atmen sollten. Doch das ist keine Bauchatmung. Mit den weichen Augen hast Du die Voraussetzung für eine Bauchatmung geschaffen. Denn mit starren Augen können wir normalerweise nicht in den Bauch atmen. Nur wenn Du in den Bauch atmest, ist Dein Zwerchfell aktiv und sorgt dafür, dass Dein Körperschwerpunkt optimal tief liegt. Wenn Du flach atmest, rutscht Dein Schwerpunkt etwas nach oben – ein klein wenig nur – das reicht jedoch bereits aus, um Dich schneller aus der Balance zu bringen.

Warum weiche Augen und Zentrierung wichtig sind

Ist Dir schon einmal aufgefallen, wie Du schaust, wenn Du Angst hast? Bei Gefahr (ob real oder eingebildet) bekommen wir einen Tunnelblick, Stresshormone werden ausgeschüttet und wir atmen flacher. Dein Puls erhöht sich, Dein Blutdruck auch.

Wenn Du es in einer Angstsituation schaffst, Deinen Blick weich werden zu lassen und Dich zu zentrieren, wird sich die Situation in Dir etwas entspannen. Außerdem kannst Du nur mit weichen Augen, mit einem tiefen Atem und zentriert wirklich tief im Sattel sitzen. Sobald Du starrst oder die Luft anhältst, hast Du Deinen Sitz bereits aufgegeben. Wenn Du diese Prinzipien immer wieder berücksichtigst, kannst Du auch jede unerwartete Bewegung Deines Pferdes deutlich besser sitzen. Deine Muskulatur hat einen angemessenen Tonus und Du kannst auf alles schneller reagieren. Wenn Du zentriert bist, hast Du eine größere Muskelkraft, das Wichtigste jedoch ist, dass Du deutlich schwieriger aus dem Gleichgewicht zu bringen bist.

Wer tief im Pferd sitzt, sitzt sicherer

Damit Du Deine Augen jederzeit und von einer Sekunde auf die andere weich machen und Dich zentrieren kannst, um automatisch tiefer in den Bauch zu atmen, ist es wichtig, diesen Vorgang oft zu üben – auch wenn Du es eigentlich in dem Moment nicht brauchst. Wir werden die Übung später mit einem Element kombinieren, so dass Du regelmäßig daran denkst.

Probiere einmal aus, wie sich Dein Balancevermögen durch Zentrierung, weiche Augen und Bauchatmung verändert. Dafür brauchst Du eine Partner*in.

PROBLEME UND LÖSUNGEN

› *Nur zentriert und mit weichem Blick sitzt Du tief »im Pferd«. Es kann dann auch losgelassen unter Dir schreiten.*

Weiche Augen und Zentrieren – Partnerübung

Schau Dir gerne auch das Video dazu an.

>>> Stellt Euch einander gegenüber und nehmt Euch an den Händen. Deine Partner*in wird nun ausprobieren, inwieweit Du aus der Balance zu bringen bist. Dafür solltet Ihr absprechen, wie Du ihr signalisierst, dass Du bereit bist. Ich sage meinen Klienten immer, sie sollen leicht nicken, denn sprechen kann Dich zu sehr ablenken.

>>> Suche Dir nun einen Punkt auf der Stirn Deiner Partner*in und starre diesen Punkt an. Wenn Du konzentriert starrst, nicke Deiner Partner*in zu und versuche an Deinem Platz zu bleiben.

>>> Deine Partner*in soll nun versuchen, Dich nach vorne zu ziehen. Das sollte auf keinen Fall ruckartig geschehen. Sie soll einfach schauen, wie viel Kraft von ihrer Seite notwendig ist, damit Du Deinen Standpunkt aufgibst.

>>> Versucht es gleich noch einmal. Diesmal siehst Du wiederum auf den Punkt auf der Stirn Deiner Partner*in, lässt jedoch Deinen Blick weich werden und die Kugel ins Becken sinken.

>>> Wenn Dein Blick weich ist und Du die Vorstellung von der Kugel in Deinem Becken kreiert hast, nicke Deiner Partner*in zu, damit sie Dich wieder sanft nach vorne zieht.

>>> Habt Ihr einen Unterschied gespürt? Wann konntest Du besser im Gleichgewicht bleiben? Was hat Deine Partner*in gespürt, als sie Dich gezogen hat?

>>> Wenn Du der Meinung bist, dass es beim zweiten Mal besser geklappt hat, weil Du darauf vorbereitet warst, macht die Übung gleich noch einmal mit starrem Blick. Na, konntest Du Dein Gleichgewicht diesmal nicht so gut halten? Das überrascht mich nicht.

>>> *Weiche Augen und Zentrieren – Partnerübung*

Stellt Euch einander gegenüber auf und reicht Euch die Hände.

Starre auf die Stirn Deines Gegenübers.

Übrigens: Es ist gar nicht schlimm, wenn der Unterschied zwischen starrem und weichem Blick bei Dir nicht so riesig ist. Dies ist auch eine Frage der Konzentration und der Übung.

Wichtig zu wissen ist, dass jedes Mal, wenn Du starrst, dies ein Signal für Deinen Körper ist, dass irgendwo Gefahr lauert. Dein Muskeltonus geht hoch, Deine Atmung wird flacher, Puls und Blutdruck steigen. Natürlich spürt Dein Pferd diese Veränderungen in Dir und wird selbst angespannter und wachsamer. Nun ist es bei vielen Reitern so, dass sie oft irgendwo hinstarren – auf die Ohren ihres Pferdes, sein Genick oder seinen Hals. Jedes Mal, wenn Du das bemerkst, hast Du Deinen Sitz und Deine effiziente Einwirkung bereits aufgegeben. Wenn Dein Pferd in solch einem Moment erschrickt und zur Seite springt, wirst Du diese plötzliche Bewegung lange nicht so gut ausgleichen können, wie wenn Du weich geguckt hättest und zentriert gewesen wärst. Ganz abgesehen davon, wäre Dein Pferd vielleicht gar nicht erst zur Seite gesprungen, weil Deine Ausstrahlung ruhiger gewesen wäre. Auch wenn es oft wirklich das Pferd ist, das angespannt und wachsam ist, vermagst Du nun zumindest auf die Übertragung Deiner Anspannung auf das Pferd positiv einzuwirken.

Mit starrem Blick ist es nicht leicht, die Balance zu halten.

Lasse nun Deinen Blick weich werden und die Kugel in Dein Becken sinken.

Mit weichem Blick und zentriert ist es ganz leicht.

>>> *Weiche Augen und Zentrieren – Partnerübung*

> *Viele Reiter starren auf die Ohren ihres Pferdes und geben dadurch ihren Sitz auf.*

TIPP

Immer wenn Du bemerkst, dass Du auf Dein Pferd oder in die Umgebung starrst, hebe Deinen Kopf an, so dass Du geradeaus siehst, lass dann Deinen Blick weich werden und die Kugel in Dein Becken sinken.

Wenn Du mit einer Trainerin oder einem Trainer zusammenarbeitest, darf diese oder dieser Dich gerne daran erinnern. Er/Sie könnte Dich fragen, wie Du gerade guckst oder wo die Kugel ist. Es ist in Ordnung, wenn Du nicht sofort einen großen Un-

> *Mit weichem Blick und zentriert lässt auch das Pferd los und schnaubt ab.*

terschied bemerkst. Mit dieser Übung kannst Du jederzeit anfangen. Auch im Alltag kannst Du immer wieder überprüfen, ob Dein Blick weich und die Kugel im Becken ist.

3.2 Wie Dir Achtsamkeit hilft

Ist schon komisch, oder? Da liest Du ein Buch, um Deine Ängste zu überwinden, und ich komme Dir mit Achtsamkeit. Achtsam zu sein hat weniger damit zu tun, schneller auf Gefahren aufmerksam zu werden. Vielmehr geht es darum, wirklich achtsam in der Welt zu sein, statt in der eigenen Welt zu versinken. Denn das ist, was Du tust, wenn Du Dich Deinen Gedankenspiralen rund um Deine Ängste hingibst. Ich bin bereits im Kapitel über das Spiegeln darauf eingegangen, dass Pferde stets im Moment leben und Menschen eher nicht. Dort habe ich Dir von dem buddhistischen Gleichnis erzählt.

Wenn Du es schaffen würdest, in jedem Moment ganz bei dem zu sein, was Du tust, hättest Du wenig Zeit, um Angst zu haben.

Nun ist absolute Achtsamkeit am Anfang eher unrealistisch. Deshalb fangen wir damit kleiner an. Statt Dich mit Deinen Gedanken über Ängste zu beschäftigen, die ja zukunftsorientiert sind (schließlich denkst Du selten darüber nach, was jetzt gerade passiert, sondern eher, was in gewisser Zeit passieren könnte), konzentriere Dich auf die Realität.Das geht am besten, wenn Du dazu einfach Deine Sinne benutzt. Bevor ich Dir dazu eine Übung anbiete, möchte ich Dich an etwas erinnern, was Du vielleicht gelesen oder gesehen hast.
Kennst Du Beppo, den alten Straßenkehrer aus Momo von Michael Ende?

Beppo erklärt Momo, wie man an große Aufgaben herangehen sollte: »Manchmal hat man eine sehr lange Straße vor sich. Man denkt, die ist so schrecklich lang; das kann man niemals schaffen. Und dann fängt man an, sich zu eilen. Und man eilt sich immer mehr. Jedes Mal, wenn man aufblickt, sieht man, dass es gar nicht weniger wird, was noch vor einem liegt.

Und man strengt sich noch mehr an, man kriegt es mit der Angst zu tun und zum Schluss ist man ganz außer Puste und kann nicht mehr. Und die Straße liegt immer noch vor einem. So darf man es nicht machen. Man darf nie an die ganze Straße auf einmal denken, verstehst Du?

Man muss immer nur an den nächsten Schritt denken, an den nächsten Atemzug, an den nächsten Besenstrich. Dann macht es Freude; das ist wichtig, dann macht man seine Sache gut. Und so soll es sein. Auf einmal merkt man, dass man Schritt für Schritt die ganze Straße gemacht hat. Man hat gar nicht gemerkt wie, und man ist nicht außer Puste. Das ist wichtig.«

Beppo erläutert auch, dass es Angst macht, wenn man sich zu sehr mit dem beschäftigt, was vor einem liegt, also in die Zukunft sieht. Stattdessen beschäftige Dich mit dem, was jetzt ist. Da Du keine Straße zu kehren hast, habe ich eine andere Aufgabe für Dich:

Stabilisierungsübung

>>> Sieh Dich aufmerksam um, wo Du gerade bist, und benenne gedanklich fünf Dinge, die Du sehen kannst. Das könnte sich wie folgt anhören: »Die Lampe an der Decke«, »das gelbe Kissen«, »die Flasche Wasser«, »das Bild an der Wand« oder »die Pflanze«.

>>> Achte nun auf die einzelnen Geräusche, die Du wahrnehmen kannst. Dies fällt uns oftmals schwer, weil wir gewohnt sind, viele Geräusche, die wir häufig hören, einfach auszublenden. Versuche es dennoch: »Das vorbeifahrende Auto«, »Vogelgezwitscher«, »das Ticken der Uhr«, »meine Atmung«, »das Knarren einer Holzdiele«.

>>> Beschäftige Dich nun mit dem Tastsinn: was kannst an der Grenze Deines Körpers bzw. auf Deiner Haut spüren? »Die Schuhe an meinen Füßen«, »der Ring an meinem Finger«, »ein Haar an meiner Schläfe«, »der Hosenbund an meinem Bauch, wenn ich einatme«, »der Stoff des Pullovers an meinen Armen«.

>>> Nimm nun auch noch wahr, was Du gerade riechen und schmecken kannst. Wiederhole die Übung mit jeweils vier Dingen, dann drei Dingen, dann zwei Dingen und zum Schluss mit jeweils nur einer Sache, wenn der erste Durchgang nicht gereicht hat, um Dich komplett auf die Wirklichkeit zu fokussieren.

Nachdem Du Dich intensiv mit Deinen Sinnen beschäftigt hast, wirst Du vielleicht feststellen, dass Du gar nicht mehr an Deine Ängste denkst. Dann solltest Du sie auch nicht zurückholen, sondern Dich ruhig weiter mit der Realität um Dich herum beschäftigen.

Bist Du bei Deinem Pferd, konzentriere Dich ganz auf das, was Du dort machst. Wenn Du Dein Pferd putzt, putze es mit Deiner ganzen Aufmerksamkeit. Fällt es Dir schwer, nimm die Bürste oder den Striegel in Deine andere Hand. Alles, was wir anders machen als üblicherweise, erfordert mehr Aufmerksamkeit von uns.
Wann hast Du Dich das letzte Mal zu Deinem Pferd gesetzt, während es Heu frisst? Gibt es ein beruhigenderes Geräusch als das eines Heu malmenden Pferdes? Wie oft verbringst Du Zeit mit Deinem Pferd, während es seinen Lieblingsbeschäftigungen nachgeht? Meistens wollen wir etwas von unseren Pferden, doch eine tragfähige Beziehung entsteht auch deshalb, weil beide Partner sich wichtig sind und man Zeit miteinander verbringt, ohne dass etwas geleistet werden muss.

Gemeinsam Zeit verbringen ohne Leistungsanspruch.

Ist das nicht Ablenkung oder sogar Verdrängung meiner Angst?

Nein, im Gegenteil. Du konzentrierst Dich ja auf das, was ist, und auf das, was Du tust. Wenn Du Dich dagegen auf Deine Ängste konzentrierst und mit Deinen Gedanken in der Zukunft weilst, lässt Du Dich durch Deine Gedanken von der Realität ablenken. Sieh es lieber so: Deine Ängste sind Deine Ablenkung von Deiner Realität. Wenn Du Dich der Realität stellst, hat das nichts mit Ablenkung zu tun. Verdrängung ist ein Mechanismus, in dem Material aus dem Bewusstsein in das Unterbewusstsein verschoben und dort unter Verschluss gehalten wird. Dieses verdrängte Material kann jedoch nicht auf Dauer dort festgehalten werden, sondern wird in ungünstigen Momenten dem Bewusstsein wieder freigegeben, da es sehr viel Energie kostet, Unbewusstes verdrängt zu halten. Was ich Dir vorschlage, ist: Du stellst Dich Deinen Ängsten und bearbeitest sie im weiteren Verlauf des Buches mit Selbsthypnose. Du verdrängst nicht, sondern sorgst dafür, dass Du Deinen Alltag bewältigen kannst.

Das nächste Mal, wenn Du bei Deinem Pferd bist, gehe sehr achtsam und aufmerksam mit Euch um. Nimm Dir nichts vor, sondern verbringt einfach nur Zeit mit ihm. Genieße die Gesellschaft Deines Pferdes.

Übung

- >>> Gehe ganz bewusst auf die Weide oder den Paddock, wenn Dein Pferd draußen steht, und nähere Dich ihm langsam und bewusst. Gehe nur so weit, wie es für Dein Pferd in Ordnung ist.
- >>> Wenn es Dir die Kruppe zudreht, Dir irgendwie ausweicht oder weggeht, bringe etwas mehr Abstand zwischen Euch.
- >>> Wenn es sich Dir zuwendet oder seine Aufmerksamkeit bei Dir ist, nähere Dich vorsichtig weiter. Wenn es auf Dich zukommt, umso besser. Pferde wissen es zu schätzen, wenn wir einfach Zeit mit ihnen verbringen, ohne etwas zu erwarten.
- >>> Stell Dich neben Dein Pferd und atme. Nimm bewusst Deine Umgebung wahr. Streiche über sein Fell und spüre ganz genau, wie es sich auf Deiner Handfläche anfühlt, an Deinen Fingerkuppen.
- >>> Verbringe einfach Zeit dort, beobachte Dein Pferd und die anderen Pferde in der Gruppe. Achte auf die Dynamik innerhalb der Gruppe. Vielleicht kannst Du auch erkennen, welches Pferd welche Aufgabe hat. Es ist nicht immer das Pferd, das die anderen scheucht, was am ranghöchsten ist. Vielleicht ist es ein anderes Pferd, dem alle folgen, wenn es darum geht, zum Wasser zu gehen oder auf der Weide einen anderen Grasplatz aufzusuchen.
- >>> Welche kleinen Körpersignale kannst Du erkennen, die Dir bis jetzt vielleicht verborgen geblieben sind?

Du kannst eine Menge beim Beobachten von Pferden lernen.

Bist Du ein willkommener Besuch auf der Weide Deines Pferdes?

Nachdem Du Dir Deiner Umgebung nun stärker bewusst bist und auch mehr Bewusstheit im Umgang mit Deinem Pferd übst, kannst Du beginnen, proaktiv Deine innere Welt, in der Deine Angst wohnt, zu ändern. Die einfachste und wirksamste Methode dazu ist Hypnose.

Das bedeutet nicht, dass Du jemanden brauchst, der Dich hypnotisiert.

Auch mit Selbsthypnose kannst Du sehr weit kommen. Selbsthypnose hat viele Vorteile; es lohnt sich, sie zu erlernen und schwierig ist es auch nicht. Folge mir einfach ins nächste Kapitel.

3.3 Selbsthypnose

Selbsthypnose ist ein mächtiges Werkzeug, das Du anwenden kannst, um Lösungen zu finden und Deine Gedanken, Deine Gefühle und Dein Verhalten positiv zu beeinflussen. Das Wort Hypnose umgibt etwas Geheimnisvolles und wir werden uns gleich anschauen, was es damit auf sich hat. Vorher jedoch möchte ich Dir erklären, was Hypnose ist.

Grundlagen der Selbsthypnose

Hypnose und auch Selbsthypnose ist Veränderungsarbeit in Trance. Wir benutzen den Zustand der Trance, um Veränderungen zu erzielen, weil unser Gehirn in Trance am veränderbarsten ist. In diesem Zustand können leicht neue neuronale Verknüpfungen im Gehirn gebildet werden.

Trance ist ein Zustand sehr starken Fokussierung und einer hohen Konzentration. In diesem Zustand ist es uns möglich, Lösungen zu finden, auf die wir wachbewusst nicht kommen würden. In Trance können wir unser Unterbewusstsein erreichen und haben Zugang zu unseren unbewussten Gefühlen und Erinnerungen.

Schluss mit den Vorurteilen

Viele Menschen fürchten sich vor Trance und Hypnose. Oftmals hört man auch die Sorge, aus einer Trance nicht mehr erwachen zu können. Wird man von jemand anderem hypnotisiert, kommen weitere Befürchtungen dazu. Im Folgenden beschäftigen wir uns zwar mit der Selbsthypnose, dennoch ist es mir ein Anliegen, mit den größten Vorurteilen etwas aufräumen.

Die Angst, nicht mehr aufzuwachen

Die Angst vor Hypnose wäre verständlicher, wenn sie realistisch wäre. Doch das ist sie nicht, denn Trance ist ein Zustand, den unser Gehirn in Bruchteilen einer Sekunde herstellt und auch wieder auflöst. Wir sind jeden Tag mehr als einmal in Trance und keiner bleibt in der Trance stecken. Vielmehr sorgt unser Gehirn von sich aus für eine Wiederherstellung des Wachbewusstseins, wenn die Trance nicht weiter vertieft wird. Wenn Du in Trance bist und den Zustand beenden möchtest, reicht es, dass Du Dir vornimmst, Deine Umgebung nun wieder wahrzunehmen und Deine Augen zu öffnen. Und genau das tust Du dann. Es gibt nichts, was Dich daran hindern könnte. Willst Du raus aus der Trance, ist das jederzeit möglich. Würdest Du hingegen im Trancezustand bleiben wollen, wäre dies auf Dauer gar nicht möglich, weil Dein Gehirn diesen Zustand auf Dauer nicht aufrechterhalten kann.

Was ist Trance genau?

Trance ist ein ganz normaler Zustand, den Dein Gehirn mehrmals am Tag herstellt. Es ist ein Zustand höchster Konzentration, in dem Du z.B. ganz in Deine Welt eingetaucht bist. Du kennst das sicher: Du fährst Auto und denkst intensiv über den Tag nach und lässt einige Ereignisse Revue passieren. Vielleicht wünschst Du Dir, in irgendeiner Situation anders gehandelt zu haben, und gehst diese Situation gedanklich noch einmal durch. Weil Du Dich zum Beispiel über Dich selbst in dieser Situation ärgerst, kannst Du ein schlechtes Gefühl in Deinem Bauch wahrnehmen. Auf einmal wirst Du Dir Deiner Umgebung wieder bewusst und guckst kurz die Strecke nach bekannten Punkten ab, um Dich zu orientieren. Vielleicht fragst Du Dich, wie Du hierhergekommen bist, weil Du Dich an die letzten Kilometer der Fahrt gar nicht richtig erinnern kannst. Oder Du stellst plötzlich fest, dass Du gerade Deine Abfahrt verpasst hast. Dies ist ein ganz typisches Beispiel einer Alltagstrance, die vermutlich jeder Autofahrer schon einmal erlebt hat. Vielleicht hast Du auch schon einmal nichts mehr um Dich herum wahrgenommen, weil Du in ein Buch vertieft, einen Film gesehen oder ein Computerspiel gespielt hast. In diesen Momenten warst Du in Trance.

Hypnose haftet oft etwas Mysteriöses an, aber es ist eine uralte Heilmethode, die mittlerweile sehr gut erforscht ist. Man weiß heute recht gut, was während einer Hypnose im Gehirn passiert. Tatsächlich läuft zur Zeit in der Schweiz ein großes Forschungsprojekt, in dem mittlerweile 50 Menschen im MRT hypnotisiert wurden, um tiefe Tranceebenen zu erforschen.

Trance ist auch deshalb ein faszinierender Zustand, weil man währenddessen Zugang zu unbewusstem Material bekommt. Alles, was Du im Leben verdrängt hast, ist im Unterbewusstsein gespeichert und kann in Trance an die Oberfläche kommen. Der Zugang zum Unterbewusstsein und die Kommunikation mit diesem ist in Trance deutlich einfacher als in einem wachbewussten Zustand. Das macht den Trancezustand für Coaching und Therapie auch so wirkungsvoll.

Aber nicht nur das, im Zustand der Trance ist unser Gehirn auch am veränderbarsten. Unser Gehirn verändert sich während unseres gesamten Lebens und ist stetigen Umbauprozessen unterworfen. Der Fachausdruck dafür lautet Neuroplastizität. Eine große Umbauphase findet zum Beispiel in der Pubertät statt. Falls Du Kinder hast, die diese Phase bereits hinter sich gelassen haben oder die gerade mittendrin stecken, ist Dir vermutlich schon mal aufgefallen, dass die Kommunikation mit Deinen Kindern sich während der Pubertät verändert. Dinge, die Du ihnen beigebracht hast, scheinen nicht mehr abrufbar zu sein. Es ist fast, als hätte es dieses Wissen in ihren Köpfen nie gegeben. Das ist vielleicht etwas drastisch formuliert, aber im Gehirn von Pubertierenden passiert auch Drastisches. Auch ihre Gedanken, Gefühle und Verhaltensweisen ändern sich durch die Veränderungen im Gehirn. Zum Glück geht diese Phase wieder vorbei. Doch in einem gewissen Ausmaß, wenngleich nicht so drastisch, passiert das während unseres gesamten Lebens.

Ganz grob lassen sich die Veränderungsprozesse im Gehirn wie folgt beschreiben: Neuronen, die zeitgleich aktiv sind, gehen eine Verbindung ein, dadurch entsteht eine neuronale Verknüpfung. Wird diese benutzt, wird sie stärker und schneller – ähnlich unserer Muskeln, wenn wir sie trainieren. Wird die Verknüpfung jedoch nicht benutzt, wird sie langsamer und schwächer. Wenn sie überflüssig geworden ist, wird sie abgebaut und besteht physisch nicht mehr. Weil unser Gehirn so plastisch und veränderbar ist, können wir sowohl lernen als auch verlernen. Wenn Du also Deine Angst beim Reiten erlernt hast, gibt es keinen Grund, warum Du sie nicht auch wieder verlernen können solltest.

Aber zurück zur Trance. In Trance ist Deine Wahrnehmung eingeschränkt, Du bist auf etwas Bestimmtes konzentriert und alles andere um Dich herum ist Dir in dem Moment relativ egal.

Mythos: Nur wenige Menschen sind hypnotisierbar

Über die Hypnotisierbarkeit gibt es sehr viele Fehlinformationen und Missverständnisse. Viele Menschen glauben, dass jemand mit einem ausgeprägten Willen nicht hypnotisierbar ist und dass es einen schwachen Willen braucht, um sich auf eine Hypnose einlassen zu können. Ein Irrglaube. Hypnose hat wenig mit der Willenskraft zu tun, sondern einzig und allein mit Deiner Motivation, Dich hypnotisieren zu lassen und eine positive Veränderung Deiner Situation herbeizuführen.

Meiner Erfahrung nach ist jeder Mensch hypnotisierbar, dessen Gehirn in der Lage ist, in Trance zu gehen. Dennoch gibt es einige Vorsichtsmaßnahmen, die Du ergreifen solltest, sofern Du an Epilepsie, einer Herz-Kreislauferkrankung oder an einer Psychose leidest. In diesen Fällen solltest Du Dir vorher in jedem Fall das Okay Deines Arztes einholen. Hat dieser kein

Problem damit, dass Du z.B. Autogenes Training oder Progressive Muskelentspannung durchführst, ist auch die Art von Selbsthypnose, die Du im Folgenden lernst, sicher für Dich.

Warum Du gut mit Hypnose arbeiten kannst

Vielleicht zweifelst Du noch, ob Selbsthypnose überhaupt etwas für Dich ist und ob Du Dich selbst in Hypnose versetzen kannst. Ich weiß, dass Du es kannst. Ich bin mir da wirklich absolut sicher. Sehr wahrscheinlich wirst Du Momente haben, wo Du Dir nicht sicher bist, ob das jetzt bereits Hypnose ist, oder Tage, an denen es nicht so gut funktioniert. Das ist in Ordnung und geht jedem so. Trance ist ein Zustand, den Du bereits kennst und den Du jeden Tag erlebst, deswegen wird sich Selbsthypnose wahrscheinlich erst einmal nicht dramatisch anders anfühlen. Erst einmal ist auch die Trancetiefe nicht wichtig. Für unsere Zwecke reicht es völlig, wenn Du in einer leichten Trance bist.

Angst ist negative Selbsthypnose

Warum ich weiß, dass Du Dich gut selbst hypnotisieren kannst? Weil ich weiß, dass Du eine gute Vorstellungskraft hast. Schließlich bist Du in der Lage, Dir alle möglichen Schreckensszenarien mit Deinem Pferd auszumalen. Glaub mir, das ist bei allen Menschen mit Ängsten gleich. Diese gute Vorstellungskraft ist Segen und Fluch zugleich. Wenn Du Dir ausmalst, was passieren könnte, wenn Du Dein Pferd reitest, gehst Du auch in Trance. Im Grunde genommen ist Angst eine Art von negativer Selbsthypnose. Jedes Mal, wenn Du Dir ein Schreckensszenario ausmalst, trainierst Du damit Deine Angst; sie wird schlimmer und sie kann schneller auftauchen. Eigentlich bewirkst Du so das Gegenteil von dem, was Du erreichen möchtest. Noch hast Du das Gefühl, Du wirst von diesen Gedanken bestimmt. Aber das stimmt nicht. Du denkst Deine Gedanken und somit hast Du auch die Macht, sie zu verändern. In Zukunft kannst Du Deine gute Vorstellungskraft lieber für das Erreichen Deiner Ziele einsetzen. Denn eine gute Vorstellungskraft ist das wichtigste, was Du für Hypnose und auch Selbsthypnose brauchst. Hier liegt der Segen.

Was uns beim Ausritt wohl erwartet?

Weitere Basics

Die meisten Menschen haben eine völlig falsche Vorstellung von Trance und auch von Hypnose. Ein gängiges Klischee ist, dass Hypnose grundsätzlich ein Entspannungszustand ist. Doch weder ist Entspannung eine Hypnose noch Hypnose Entspannung. Hypnose funktioniert auch in sehr angespannten Zuständen, beispielsweise nach einem Unfall oder in einer angsterfüllten Situation. Man braucht für eine Hypnose auch keine geschlossenen Augen. Tatsächlich ist die Aktiv-Wach-Hypnose, bei der man sich sportlich betätigt und die Augen geöffnet hat, ein gutes Beispiel dafür, dass Hypnose nicht grundsätzlich ein entspannter Zustand ist und auch mit geöffneten Augen durchgeführt werden kann.

Vergleicht man eine Trance mit einem wachbewussten Zustand, fallen einem folgende Unterschiede auf:

Wachbewusst richtet sich die Konzentration und das Bewusstsein auf viele verschiedene Dinge, da der Mensch vielen wechselnden Reizen ausgeliefert ist. Infolgedessen sind Menschen oftmals etwas zerstreut und wenig konzentriert.

In einer Trance hingegen ist die Konzentration und die Aufmerksamkeit sehr nach innen gerichtet. Die Wahrnehmung wird verschoben. Das führt dazu, dass Außenreize wie Geräusche oder taktile Sensationen nur oberflächlich wahrgenommen, gar nicht wahrgenommen werden oder ihnen nur eine geringe Bedeutung zugeschrieben wird. Das Bewusstsein konzentriert sich auf innere Vorgänge.

Immer dann, wenn sich die Wahrnehmung und Konzentration von außen nach innen verschiebt, treten auch Trancen auf. Dabei gibt es verschiedene Grade des Eintauchens in das innere Erleben, die als unterschiedliche Trancetiefen interpretiert werden. Trance ist jedoch etwas Kontinuierliches auf der einen und etwas Fließendes auf der anderen Seite, so dass ganz unterschiedliche Erlebnisse und Verhaltensweisen bei den Hypnotisanden zu Tage treten können. Trancetiefe ist auch ein etwas falsch gewählter Begriff, da wir oft meinen, dass es sich intensiver anfühlen müsste, je tiefer wir sind. Das stimmt aber insbesondere zu Beginn des Erlernens von Selbsthypnose nicht. Je geübter wir in Selbsthypnose sind, desto intensiver kann sich auch der Zustand anfühlen. Auch wenn Du oft in Trance gehst, musst Du Selbsthypnose erst üben. Nach einiger Zeit wird es sich wahrscheinlich intensiver anfühlen.

Es gibt eine Reihe von Indizien dafür, dass eine Trance vorliegt:

- verstärkter Schluckreflex
- Flattern der Augenlider (an den Wimpern gut erkennbar)
- bei geöffneten Augen: geweitete Pupillen, starrer, eventuell verklärter Blick
- REM-Bewegungen, Stillstand oder scannende Bewegungen der Pupillen
- gerötete Stellen an Hals und Dekolleté
- glatte Gesichtszüge
- entspannte oberflächliche Muskulatur
- Hautfarbe ändert sich
- Kopf beginnt, sich zu neigen
- sinkender Hautleitwert
- Ruhepuls
- Lachreiz
- leise und monotone Stimme
- roboterhafte Bewegungen
- ideomotorische Reaktionen (spontane Bewegungen Deines Körpers oder Körperteile)
- nach außen gekippte Fußspitzen im Liegen
- spontanes Muskelzucken
- Magen-/Darmgeräusche
- das Gefühl einzuschlafen

Diese Anzeichen tauchen nicht alle gleichzeitig auf und Du musst nicht alles davon erleben. Wahrscheinlich wirst Du eine körperliche Schwere oder Leichtigkeit fühlen. Vielleicht wunderst Du Dich, wie viel Zeit vergangen ist. Am einfachsten ist es, eine Trance im Nachhinein zu erkennen, gerade wenn Du beginnst, Dich in Selbsthypnose zu üben. Wenn wir zurück in das Hier und Jetzt kommen, bemerken wir meistens eine leichte Zustandsänderung; ähnlich wie wenn wir beim Autofahren bemerken, dass wir gerade nicht bei der Sache, sondern mit unseren Gedanken beschäftigt waren. Diese Realisierung ist wie ein Erwachen aus der Trance und so ähnlich fühlt es sich auch an, wenn wir gerade in Selbsthypnose gewesen sind.
Je öfter Du Selbsthypnose übst, desto tiefer kann die Trance werden und desto intensiver kannst Du sie erleben.
Es ist jedoch nicht notwendig, tiefe und intensive Trancen zu erreichen.

Wenn Du möchtest, höre Dir eine der Hypnose-MP3s an, dann weißt Du, in welche Richtung es geht. Ich würde Dir dazu die »Quelle der Kraft« empfehlen.

Quelle der Kraft Dauer 24 Minuten

Bei dieser MP3 handelt es sich um eine geführte Trance oder Hypnose. Sie dauert circa 24 Minuten, und ich beginne erst nach einer Minute zu sprechen. So hast Du genügend Zeit, es Dir gemütlich zu machen und Handy und Telefon leise zu stellen. Leg oder setz Dich bequem hin. Es ist absolut in Ordnung, wenn Du dabei einschläfst, denn Dein Unterbewusstsein hört weiter zu, auch wenn Du das Gesagte bewusst nicht mehr aufnimmst.

Bitte höre die MP3 keinesfalls beim Autofahren!

Gibt es ein hypnotischeres Geräusch als das von Heu malmenden Pferden?

Selbsthypnose fühlt sich oft weniger intensiv an, als wenn Du von einer anderen Person hypnotisiert wirst. Viele Menschen, die Selbsthypnose erlernen, fragen sich oft, ob es sich so anfühlen soll, wie das, was sie fühlen. Wenn Du schon eine MP3 gehört hast, ist das ein guter Anhaltspunkt, wie es sich für Dich anfühlen könnte.

Was Du auch noch wissen solltest

Du kannst bei einer Selbsthypnose nicht viel falsch machen. Es ist normal, wenn Deine Gedanken einmal abschweifen oder wenn Du Dich fragst, ob Du alles richtig machst. Das ist okay. Vielleicht irritiert es Dich, dass Dein Bewusstsein noch aktiv ist und Du denken kannst, aber natürlich brauchst Du Deine Denkfähigkeit, um Selbsthypnose zu praktizieren. Denn es wäre ja schlecht, wenn Dein Bewusstsein nicht mehr soweit funktionieren würde, dass Du Dir überlegen kannst, was der nächste Schritt ist.

Einleitung einer Selbsthypnose

Um eine Trance bei Dir einzuleiten, gibt es zahlreiche Möglichkeiten. Ich möchte Dir davon drei unterschiedliche Möglichkeiten zeigen. Du kannst sie alle einmal ausprobieren und schauen, was für Dich am besten klappt. Damit Du Dir besser vorstellen kannst, wie das aussehen soll, kannst Du Dir dazu Videos ansehen.

Du kannst alle Einleitungen zur Selbsthypnose auch miteinander kombinieren und sie nacheinander so anwenden, wie es sich gut für Dich anfühlt.

Lies Dir alle drei Möglichkeiten ruhig zunächst durch. Wichtig ist, dass Du eine Variante erst dann ausprobieren solltest, nachdem Du Dir die Ausleitungen durchgelesen hast. Die Übung dazu folgt im nächsten Kapitel.

a) Pika-Pika-Atmung

Sieh Dir alle Hypnoseeinleitungen und -ausleitungen auf Video an.

Diese Atemtechnik bringt Dich schnell in einen Trancezustand: sie reduziert Schmerzen und Ängste.

>>> Stell Dir beim Einatmen vor, dass die Atemluft durch Deine Schädeldecke in Deinen Körper einströmt.

>>> Stell Dir beim Ausatmen vor, dass die verbrauchte Luft aus Deinen Fußsohlen ausströmt.

>>> Bleibe über einige Minuten konzentriert dabei.

> Durch den Scheitel ein- und durch die Fußsohlen ausatmen.

b) Etwas hinuntergehen

>>> Schließe Deine Augen, atme einmal tief durch.

>>> Nimm alle Geräusche wahr, die Du hören kannst; jedes Geräusch hilft Dir, Dich auf Dich zu konzentrieren.

>>> Konzentriere Dich auf Deine Atmung, ohne sie zu verändern.

>>> Zähle gedanklich von eins bis zehn, während Du Dir vorstellst, etwas hinunterzugehen.

Ich überlasse es vollkommen Dir, was Du in Deiner Vorstellung hinuntergehst. Das kann eine Treppe, eine Rolltreppe oder auch einfach ein Weg sein, der ein wenig abschüssig ist. Du kannst Dir auch vorstellen, eine Rutsche oder Wasserrutsche hinunterzurutschen. Es ist wirklich egal, was Du Dir vorstellst. Es ist auch egal, wie Du es Dir vorstellst: ob Du es vor Deinem inneren Auge siehst oder ob Du spürst, dass es hinuntergeht. Es ist okay, wenn Du Dich erst einmal nicht entscheiden kannst, ob es ein klares oder unscharfes Bild ist, ob Du Dich von innen erlebst oder von außen siehst.
Wichtig ist nur, dass Du bei der Übung die Vorstellung hast, dass es abwärts geht, während Du zählst.

Gehe gedanklich etwas hinunter – vielleicht diesen Weg?

c) Handlinieninduktion

>>> Halte eine Hand am ausgestreckten Arm mit der Innenfläche zu Dir. Fixiere die Linien der Handinnenfläche mit Deinem Blick.

>>> Führe als nächstes unter Beibehaltung der Fixation die Handfläche langsam zum Gesicht. Sobald Deine Hand Dein Gesicht berührt, schließe Deine Augen und lass Deinen Arm fallen – als wäre Dein Arm ein weichgekochtes Spaghetti.

Fixiere die Linien der Handinnenfläche mit Deinem Blick.

Lasse Deine Hand zu Deinem Gesicht sinken.

Diese Einleitung wirkt besonders effektiv, wenn Du Dir vorab innerlich versicherst, dass Dein Unterbewusstsein Dich in die optimale Trancetiefe leiten wird, sobald Deine Hand Dein Gesicht berührt.

Du gehst in Trance, sobald Deine Augen sich schließen und Dein Arm fällt.

Ausleitung einer Selbsthypnose

Um aus einer Trance wieder ins Wachbewusstsein zu kommen, gibt es ebenfalls viele Möglichkeiten. Ich möchte Dir auch hier nur drei dieser Möglichkeiten vorstellen, die Du gerne alle ausprobieren kannst.

a) In Deinem eigenen Tempo

>>> **Nimm Dir vor, gleich zurück im Hier und Jetzt zu sein.**

>>> **Atme noch einmal tief ein, bewege Deine Finger, spüre die Unterlage, auf der Du sitzt oder liegst, höre die Geräusche in Deiner Umgebung und öffne Deine Augen.**

b) Etwas hochgehen

Diese Ausleitung ist besonders geeignet, wenn Du Dir in der Einleitung vorgestellt hast, etwas hinunter zu gehen.
Nimm Dir dafür vor, gleich ins Alltagsbewusstsein zurückzukehren.

>>> **Stell Dir nun vor, Du gehst etwas hoch, während Du bis 10 zählst.**

>>> **Wenn Du oben oder bei 10 angekommen bist, atme tief ein, bewege Deine Finger, Hände und Füße, werde Dir Deiner Umgebung wieder bewusst und öffne die Augen.**

c) Heraus zählen

Diese Ausleitung kannst Du auch benutzen, wenn Du das Gefühl hast, noch nicht hundertprozentig wachbewusst zu sein, nachdem Du eine andere Ausleitung benutzt hast.

>>> **Sag zu Dir selbst:**
Ich werde gleich bis 3 zählen und wenn ich bei 3 angekommen bin, mache ich meine Augen auf und bin zurück im Hier und Jetzt, vollkommen wach. 1, 2, 3 – Augen auf!

Übung zur Ein- und Ausleitung

Suche Dir je eine Einleitung und Ausleitung aus, die Du ausprobieren möchtest. Ich würde Dir vorschlagen, Dich zuerst mit dem Hinuntergehen und Bis-10-Zählen in Trance zu bringen und dann wieder hochzugehen, um die Trance aufzulösen.

>>> **Lies Dir beides noch einmal durch und dann tu es einfach.**

>>> **Versuche danach die anderen Methoden.**

PROBLEME UND LÖSUNGEN

Ich habe nicht das Gefühl, wieder wachbewusst zu sein

Wenn Du das Gefühl hast, nach der Trance noch nicht komplett wachbewusst zu sein, kannst Du Deine Augen noch einmal schließen und Dich heraus zählen.

Grundsätzlich ist es jedoch so, dass die Trance sich auch von selbst wieder auflöst, wenn wir den Zustand nicht weiter vertiefen, weil unser Gehirn ihn nicht dauernd aufrechterhält. Im Grunde würde es also reichen, einfach abzuwarten. Nach einer halben bis dreiviertel Stunde ist das Gefühl verflogen. Wenn Du nicht so lange warten möchtest, iss eine Kleinigkeit und trink etwas und geh einen Moment an die frische Luft. Das sollte bereits ausreichen, um in einen wachbewussteren Zustand zu kommen.

Dir ist etwas schwindlig und/oder Du hast Kopfschmerzen

Das kann passieren, wenn Du zu schnell aus der Trance herausgekommen bist. Schließe einfach Deine Augen noch einmal, nimm ein paar tiefe Atemzüge und begebe Dich in Deinem eigenen Tempo zurück in das Hier und Jetzt. Lass Dir ruhig Zeit, Deinen Körper gut zu spüren und auch die Unterlage, auf der Du sitzt oder liegst. Nimm Dir vor, im nächsten Moment komplett wachbewusst zu sein und Deine Augen zu öffnen. Bewege Deine Finger, Hände und Füße, nimm noch einen tiefen Atemzug und dann öffne Deine Augen.

Aber auch hierbei gilt: Nach einiger Zeit verschwinden diese Symptome von selbst. Dennoch kannst Du noch einmal die Ausleitung wie im Punkt vorher beschrieben durchführen und anschließend eine Kleinigkeit essen, etwas trinken und ein wenig an die frische Luft gehen.

Ich bin nicht sicher, ob ich in Trance war oder ob ich tief genug in Trance war

Dieser Zweifel ist erst einmal relativ normal, weil wir irgendwie doch erwarten, dass eine Trance sich spektakulär anfühlt. Es ist aber ein ganz normaler Zustand, den Du mehrmals am Tag erlebst. Außerdem hast Du wahrscheinlich nur einen kurzen Moment in Trance verbracht, das fühlt sich in den seltensten Fällen deutlich anders an, als wenn Du sonst die Augen schließt und Dich ein wenig entspannst. Auch ist die Bezeichnung Trancetiefe ein problematischer Begriff. Wir assoziieren mit Trancetiefe, dass sich der Zustand irgendwie intensiver anfühlen müsste, je tiefer die Trance ist. Zu Beginn ist genau das eher nicht so. Die Intensität der Trance kommt mit zunehmender Übung. Je häufiger wir Selbsthypnose ausüben, desto intensiver kann sie sich anfühlen.

Ansonsten gehe ich hier nicht weiter auf Trancetiefen oder Tranceebenen ein, weil es für unsere Zwecke unerheblich ist, ob Du in einer leichten, mittleren oder tiefen Trance bist.

Um zu erkennen, ob Du in Trance warst, kannst Du Dich auch an der Liste auf Seite 86 orientieren. Oder Du versuchst wahrzunehmen, wie Du Dich beim Hören der »Quelle der Kraft« gefühlt hast.

Hat es sich beim Rauskommen aus der Trance ein wenig danach angefühlt, wie wenn Du Dir beim Autofahren plötzlich wieder Deiner Umgebung bewusst wirst? Dann warst Du ganz sicher in Trance. Wenn Du dennoch nicht sicher bist, ignoriere diese Frage erst einmal und führe die Übungen trotzdem durch. Mit jedem Mal wirst Du es besser spüren können. Da Du Ängte hast, gehst Du gut in Trance, das ist Fakt. Deshalb nimm es einfach hin, dass Du gut in Trance kommst und es deshalb sehr wahrscheinlich ist, dass Du auch bei den Übungen in Trance gehst. Versuch aber auch ruhig einmal die Hypnoseeinleitungen miteinander zu kombinieren.

Eine weitere Hilfestellung für Dich sind die Videos, die Dir zeigen, wie es aussieht, wenn jemand in Trance geht, der dies sehr oft tut.

Der sichere Ort

Diese Übung wird der Dreh- und Angelpunkt Deiner weiteren Reise sein. Der Gegenpol zum Gefühl Angst ist das Gefühl von Sicherheit. Deswegen wollen wir Gefühle von Sicherheit in Dir wachrufen und diese stärken. Dazu ist der sichere Ort optimal, Du kannst dort jederzeit gedanklich hingehen, wenn Du ihn brauchst, nachdem Du ihn Dir erst einmal erschaffen hast. Dafür musst Du später nicht einmal mehr in Trance gehen, diese stellt sich oft von selbst ein.

Der sichere Ort ist ein gedanklicher Ort in Deiner Fantasie. Er muss nicht real existieren. Dennoch nutzen die meisten meiner Klienten anfangs einen Ort, der ihnen gut bekannt ist, z.B. das eigene Bett oder das Wohnzimmer mit der Couch. Das ist in Ordnung, wenn Du Dich dort wirklich sicher fühlst und nicht im Hinterkopf hast, dass andere dort Zutritt haben. Wenn Dich das gedanklich beschäftigt, ändere Deinen sicheren Ort. Wenn Du merkst, dass der Ort, den Du Dir erdacht hast, nicht gut funktioniert, kannst Du ihn jederzeit verändern.

Ein sicherer Ort an einem Baum.

Selbsthypnose: Sicherer Ort

Du kannst Dir die Installation des sicheren Ortes auch auf MP3 anhören.

>>> Bringe Dich in Trance und stelle Dir dann einen Ort vor, an dem Du absolut sicher bist. Das kann ein Ort sein, den Du kennst, den Du vielleicht schon mal gesehen hast, oder auch ein Ort, den Du Dir jetzt einfach in Deiner Fantasie erschaffst.
Das kann ein ganz einfacher Ort sein wie eine Couch oder unter einer Decke oder ein ganz unmöglicher Ort, der nur in Deiner Vorstellungskraft existiert, zum Beispiel auf einer Wolke, tief unten im Meer oder auf einem anderen Planeten. Alles ist möglich. Wichtig ist nur, dass Du Dich dort wirklich wohl und sicher fühlst. Du kannst diesen Ort verändern, so dass er Dir wirklich gut gefällt. Wenn es ein Ort in der Natur ist, kannst Du ihm Grenzen geben, wenn Du möchtest.

>>> Dieser Ort ist nur für Dich da. Du allein bist Herrscher*in über diesen Ort und Du allein bestimmst, ob irgendjemand Zutritt bekommt oder nicht.

Es ist Dein Ort. Dorthin kannst Du Dich jederzeit gedanklich zurückziehen, zur Ruhe kommen und auftanken. An diesem Ort ist alles so eingerichtet, dass Du absolut sicher und geschützt bist. Wenn Du irgendwelche Modifikationen vornehmen möchtest, um Dich noch sicherer und noch wohler zu fühlen, kannst Du das jederzeit tun.

>>> Wo ist Dein Ort? Ist er in der Natur oder in einem Gebäude?

>>> Sitz Du dort, stehst Du oder liegst Du?

>>> Wo siehst Du hin?

>>> Was umgibt Dich?

>>> Wie fühlst Du Dich dort?

>>> Wo kannst Du dieses Gefühl in Deinem Körper spüren?

>>> Wenn dieses Gefühl eine Farbe hätte, welche Farbe wäre das?

>>> Woran liegt es, dass Du Dich dort so fühlst?

>>> Mach Dir das Gefühl ganz bewusst.

>>> Stell Dir vor, dieses Gefühl umgibt Dich so, als wäre es in der Atmosphäre an Deinem Ort, als läge es in der Luft und als könntest Du es einatmen. Mit jedem Atemzug, den Du einatmest, nimmst Du dieses Gefühl in Dir auf. Es ist fast so, als sei die Luft mit der Farbe des Gefühls gefärbt und als würdest Du diese Farbe einatmen.

>>> Stell Dir vor, wie sie in Deine Lungen fließt, in Dein Herz und von dort aus weiter verteilt wird. Sie fließt in Deinen ganzen Brustkorb, in Deinen Bauch und in Dein Becken.

>>> Stell Dir vor, dass dieses farbige Gefühl in Deine Beine fließt, bis in Deine Füße, sogar bis in Deine Zehenspitzen. Mit jedem Atemzug, den Du einatmest, wird es stärker und füllt Dich weiter aus. Es fließt in Deine Schultern, in Deine Arme, bis in Deine Hände, Finger und Zehenspitzen hinein. Mit jedem Atemzug füllt dieses gute Gefühl Dich aus; fließt in Deinen Hals und in Deinen Kopf. Bis Du von innen heraus in dieser Farbe leuchtest und strahlst.

>>> Stell Dir außerdem vor, dass es an Deinem sicheren Ort ein ganz besonderes Licht gibt, dass Dich einhüllt, so als wärst Du von einer Kugel oder Blase aus Licht umgeben, wie eine Schutzhülle aus Licht. Dieses Licht gibt Dir Schutz und Sicherheit, denn nichts kann durch das Licht hindurchdringen, das Dir irgendwie schaden könnte. Es ist für alles Schädliche absolut undurchlässig. Dieses Licht umgibt Dich mit Schutz und Sicherheit.

>>> *Selbsthypnose: Sicherer Ort*

>>> Das Besondere an diesem Licht ist, dass es in Dich hineinfließen kann. Du kannst es einatmen, aber es kann auch durch Deine Haut in Dich hineinfließen, so wie es auch das Sonnenlicht tut.

>>> Stell Dir vor, dass es Dich nicht mehr nur umgibt, sondern auch in Dich hineinfließt und Du es einatmest.

>>> Stelle Dir vor, dass das Licht in jede Deiner Zelle fließen kann. Überall, wo es hinfließt, bringt es Schutz und Sicherheit. Jede Zelle kann darin gebadet werden und auftanken. Vielleicht gibt es Körperstellen, die besonders viel von dem Licht brauchen. Wenn das so ist, ist das absolut in Ordnung, denn das Licht ist unendlich: es kann immer weiter fließen. Jede Zelle wird von diesem Licht erneuert, bringt Schutz und Sicherheit und sorgt für Heilung. Das Licht fließt in jede Zelle und umgibt Dich. Es fließt in jeden Winkel Deines Geistes und Deiner Seele. Überall, wo es hinfließt, bringt es Schutz und Sicherheit. Es hüllt Dich komplett ein und füllt Dich aus. Außerdem sorgt es dafür, dass das gute Gefühl in Dir noch intensiver werden und sich besser in Dir ausbreiten kann.

>>> Dort an Deinem Ort, umgeben von dem Licht, bist Du absolut sicher und geschützt, nichts kann Dir geschehen.

>>> Genieße Deinen Ort, das Licht und das Gefühl und nimm es tief in Dir auf.

>>> Wenn Du soweit bist, atme das Licht und das Gefühl noch einmal tief ein und nimm es mit, wenn Du Dich gleich auf den Weg zurückbegibst, ins Hier und Jetzt. Leite Dich nun aus der Trance aus.

Anmerkungen

Schreibe Dir am besten auf, wie Dein sicherer Ort aussieht. Wenn Du magst, mal oder zeichne ihn und mach ihn für Dich so real wie möglich. Schreibe auf, wie Du Dich dort fühlst, welche Farbe das sichere Gefühl und das Licht haben.

Verbringe jeden Tag gedanklich etwas Zeit dort, damit verstärkst Du die Wirkung. Es ist im Übrigen in Ordnung, wenn Dein sicherer Ort sich ändert, solange Du Dich dort wohl und sicher fühlst.

Ich finde keinen sicheren Ort

Bei diesem Problem geht es darum herauszufinden, warum dies so ist. Findest Du keinen sicheren Ort, weil Du Dich nicht entscheiden kannst? Das ist erst einmal okay, nach und nach wird sich herauskristallisieren, wo Du Dich wirklich wohl und sicher fühlen kannst. Für den Moment kannst Du Dir einfach einen Ort herauspicken und bei späterer Gelegenheit andere Orte ausprobieren.

Oder fällt Dir einfach kein passender Ort ein? Wie wäre es mit der Wiese aus der Quelle der Kraft? Fühlst Du Dich dort wohl und sicher?

Findest Du keinen sicheren Ort, weil Du Dir nicht vorstellen kannst, irgendwo sicher zu sein? Wirst Du dadurch getriggert? Manchmal funktioniert es auch gut, wenn Du Dir nur das Licht um Dich herum vorstellst. Wenn Du aber durch das Thema insgesamt getriggert wirst, solltest Du Dich vielleicht nach einer Traumatherapie erkundigen oder, falls Du bereits in einer Therapie bist, Dich an Deine(n) Therapeuten/in wenden. Für Dich sind darüber hinaus die Übungen in Bezug auf Achtsamkeit sehr wichtig, diese solltest Du regelmäßig durchführen.

Das Licht fließt nicht überall hin

Wenn Du das Gefühl hast, das Licht kann nicht überall in Deinen Körper fließen, kannst Du etwas dagegen tun und diese Blockade auflösen. Stell Dir vor, Du atmest das Licht nicht nur ein, sondern es fließt durch Deine Haut in Deinen Körper. Eventuell kannst Du Dir auch vorstellen, dass das Licht dorthin gezogen wird, wo es nicht hinfließt – so als würde es von dort wie durch einen Magneten angezogen. Es ist Deine Vorstellung und Du kannst jederzeit korrigieren. Stelle Dir das vor, was für Dich Sinn macht, um dieses Problem zu lösen.

Auch auf der Pferdeweide kann man sich sicher fühlen.

Sichere Gefühle wachrufen und integrieren

Wenn Du in Trance bist, ist es am einfachsten, direkt mit Deinem Unterbewusstsein zu kommunizieren und auf unbewusstes Material zuzugreifen. So kannst Du das Gefühl von Sicherheit präsenter in Dir machen, um später darauf zugreifen zu können.

Dein sicherer Moment liegt in Deiner Vergangenheit. Es kann ein Moment mit oder ohne Pferd gewesen sein.

Selbsthypnose: Sicherer Moment

Diesen Teil kannst Du Dir auch als Audio anhören.

>>> Gehe dazu in eine Trance und dann weiter an Deinen sicheren Ort, den Du mittlerweile schon gut kennen und etabliert haben solltest.

>>> Stell Dir das Licht um Dich herum und in Dir vor, das Dir Schutz und Sicherheit gibt. Konzentriere Dich auf Deine Gefühle und Körperwahrnehmungen, die Du an diesem Ort hast. Fühlst Du Dich dort sicher? Wo kannst Du das in Deinem Körper wahrnehmen? Wie würdest Du beschreiben, wie Du Dich an Deinem sicheren Ort fühlst? Wo in Deinem Körper kannst Du diese Gefühle in Dir wahrnehmen? Wie fühlt es sich dort an? Wenn dieses Gefühl eine Farbe hätte, welche Farbe wäre es? Konzentriere Dich ganz auf dieses Gefühl in Dir und auf diese Farbe, während Du weiterhin gedanklich an Deinem Ort und von dem Licht eingehüllt und ausgefüllt bist.

>>> Dieses sichere oder gute Gefühl in Dir verbindet alle Momente, in denen Du Dich schon einmal so gefühlt hast. Konzentriere Dich darauf und zähle gleich gedanklich bis 3. Wenn Du bei 3 angekommen bist, vielleicht auch eher, fällt Dir eine Situation ein, in der Du Dich gut und sicher gefühlt hast. Es kann sein, dass es wie eine Erinnerung ist, vielleicht hast Du fast das Gefühl es noch einmal zu erleben.

>>> Zähle jetzt bis 3: 1 – 2 – 3. Du bist nun in einem Moment, in dem Du Dich wirklich gut und sicher fühlst. Bist Du in diesem Moment drinnen oder draußen? Ist es hell oder dunkel? Bist Du allein oder ist jemand bei Dir?

>>> Was passiert in dem Moment? Wie fühlst Du Dich? Wo in Dir kannst Du dieses Gefühl wahrnehmen? Wenn es eine Farbe hätte, welche Farbe wäre dies? Was sorgt dafür, dass Du Dich gerade so fühlst? Gibt es dort sonst noch etwas, das wichtig für Dich ist?

>>> *Selbsthypnose: Sicherer Moment*

>>> Stell Dir vor, dass überall um Dich herum dieses Gefühl und die dazugehörige Farbe existiert, so dass Du beides einatmen kannst.

>>> Stell Dir vor, Du atmest sie tief ein. Sie fließen in Deine Lungen, in Dein Herz und bereiten sich von dort aus in Deinem ganzen Körper aus. Sie fließen in Deinen Brustkorb und in Deinen Bauch. Sie fließen in Dein Becken, in Deine Beine bis in Deine Füße, sogar bis in Deine Zehenspitzen hinein. Und sie breiten sich immer noch weiter in Dir aus, mit jedem Atemzug. Sie fließen in Deine Schultern, in Deine Arme, bis in Deine Hände und Deine Fingerspitzen hinein. Und immer noch weiter mit jedem Atemzug, bis in Deinen Hals und Deinen Kopf. Bis Du ganz von diesem Gefühl und Deiner Farbe erfüllt bist. Bis Du von innen heraus in dieser Farbe leuchtest und strahlst.

>>> Atme dieses Gefühl noch einmal tief ein und nimm die Atmosphäre dieses Momentes ganz tief in Dir auf und dann geh zurück an Deinen sicheren Ort und nimm das Gefühl und die Farbe dorthin mit. Dort wird das Gefühl Teil des Lichts, so dass Du jedes Mal, wenn Du gedanklich an Deinem sichern Ort bist und Dich das Licht umgibt und ausfüllt, Du auch von diesem Gefühl ausgefüllt wirst und damit auftanken kannst.

>>> Wenn Du möchtest, kannst Du nun direkt mit der nächsten Übung weitermachen.

Blockadenlösung

Es gibt eine sehr gute hypnosetherapeutische Intervention, die häufig angewendet wird, da sie viel bewegen kann. Sie funktioniert auch in der Selbsthypnose ganz wunderbar. Durch die Blockadenlösung ist es möglich, Altes loszulassen und sich von Blockaden, die einen hindern, das zu tun, was man möchte, zu befreien. Die Blockadenlösung wird häufig allgemein gehalten formuliert, damit das Unterbewusstsein entscheiden kann, was losgelassen werden kann. Eventuell lösen sich mehr Blockaden, als Du gedacht hast und Themen oder Probleme verschwinden, an die Du gar nicht gedacht hast. Selbstverständlich hast Du Dein Problem stets im Hinterkopf und Dein Unterbewusstsein weiß, was Du verändern möchtest, so dass es natürlich auch um Deine Angst gehen wird.

Die Blockadenlösung kann eine sehr tiefgreifende Wirkung haben und so reicht es aus, sie einmal zu machen. Sie ist aber auch eine gute Möglichkeit, um Dich später von anderen aufgestauten Sachen zu befreien, die vielleicht nichts mit Deinem Angstproblem zu tun haben – zum Beispiel, wenn Du eine schwierige Zeit in Deinem Job hast.

Du kannst die Blockadenlösung auch als Audio anhören.

Selbsthypnose: Blockadenlösung

>>> Dein Ausgangspunkt ist Dein sicherer Ort und das Licht, sobald Du in Trance bist.

>>> Stelle Dir nun vor, dass in Deiner Nähe ein Wasserfall ist. Du kannst ihn hören und gehst darauf zu. Das Wasser glitzert in der Sonne und wenn Du Deine Hand ausstreckst, spürst Du, dass das Wasser angenehm warm und weich ist. Es ist ein ganz besonderes Wasser, das Dich von allem reinigen kann, was Du schon viel zu lange mit Dir herumträgst.

>>> Der Wasserfall hat eine angenehme Höhe für Dich und ist breit genug, so dass Du Dich darunter stellen kannst.

>>> So stehst Du jetzt unter dem warmen, weichen Wasser, während Dein Unterbewusstsein die Gelegenheit bekommt, einmal alles loszulassen, was Dich zurückhält, alles loszulassen, was Dich hindert, die/der zu sein, der/die Du sein möchtest. Dein Unterbewusstsein weiß ganz genau, was es loslassen kann.

>>> Selbsthypnose: Blockadenlösung

>>> Es schaut in jeden Winkel von Dir und macht eine Art Frühjahrsputz. Eventuell erinnerst Du Dich an Momente, die Dich so haben werden lassen, wie Du jetzt bist. Das muss aber nicht sein. All das kannst Du nun loslassen und das Wasser spült es mit sich fort. Das Wasser löst all das, was Du viel zu lange schon mit Dir herumträgst und was Dich zurückhält und Dich hindert frei zu sein aus Deinem Herzen, aus Deinem Körper, aus Deinem Geist aus Deiner Seele heraus und trägt es mit sich fort. Es fließt von Dir weg, ganz weit weg, so dass es keinen Einfluss auf Dich hat. Manchmal sind es Kleinigkeiten, bei denen man überrascht ist, dass diese ein Problem für das Unterbewusstsein sein könnten. Manchmal sind es Dinge aus der Kindheit, der Jugendzeit oder dem Erwachsenenleben. Vielleicht sind es Begebenheiten mit Personen. Ganz egal, Dein Unterbewusstsein sortiert aus, was es gehen lassen kann, und so wird alles vom Wasser fortgespült. Vielleicht kannst Du es spüren, wie es aus Dir herausfließt wie ein feiner leiser Strom, vielleicht spürst Du, wie es in Dir leichter wird, vielleicht stellst Du es Dir auch nur vor. Das ist egal. Dein Unterbewusstsein weiß ganz genau, was es gehen lassen kann und ergreift nun die Gelegenheit dazu.

>>> Das Wasser nimmt alles mit, was losgelassen werden kann, alles, was Dich zurückhält, glücklich zu sein und das zu tun, was Du tun möchtest, lässt das Unterbewusstsein los und wird durch das Wasser mitgenommen.

>>> Es fließt immer weiter weg von Dir. Es hat keinen weiteren Einfluss über Dich.

>>> Und nun geh zurück in das Licht, das Dich umhüllt und ausfüllt. Es gibt Dir Schutz und Sicherheit. Und vielleicht kannst Du heute schon spüren, dass Dein Unterbewusstsein viel mehr Energie hat, um Dich bei Deinen Zielen zu unterstützen. Es wird auch die nächsten Tage und Nächte in Dir alles so zurechtrücken, dass es Dir von Tag zu Tag besser und immer besser geht. Das Licht ist um Dich herum und fließt in Dich hinein, und es beinhaltet alles, was Du brauchst, damit es Dir wirklich gutgeht und Du das erreichst, was Du erreichen möchtest.

>>> Genieße das Licht und atme es tief ein. Lass Dich davon auftanken, und dann nimm es mit und geh aus der Trance heraus.

Ich gestalte meine Zukunft in Trance

Nachdem Du sichere Gefühle in Dir wachgerufen und verankert hast und auch Blockaden hast gehen lassen, ist es jetzt möglich, Dir Deine Zukunft vorzustellen.

Zukunftsvision: Spaß haben beim Galoppieren im Gelände.

Übung Zukunftsvision

Du kannst Dir auch die Zukunftsvision als MP3 anhören

Ausgangspunkt für diese Übung ist wiederum Dein sicherer Ort in Trance. Auch das Licht, das Dir Schutz und Sicherheit gibt, ist um Dich herum und füllt Dich aus. Du bist dort absolut sicher und geschützt.

>>> Zähle gleich gedanklich bis 3. Wenn Du bei 3 angekommen bist, bist Du in einer Situation in Deiner Zukunft, in der Du Dich wirklich wohl und gut fühlst. Bei 3, vielleicht auch eher, bist Du in Deiner Zukunft in einem Moment, in dem Deine Ängste bereits hinter Dir liegen und Du geschafft hast, was Du Dir wünschst. Bei 3 oder eher bist Du in einem Moment mit Deinem Pferd, in dem Du Dich gut und wirklich wohl fühlst.

>>> Zähle jetzt bis 3: 1 – 2 – 3. Du bist in einem Moment, in dem Du Dich wirklich gut und sicher fühlst, in dem Dein Problem bereits hinter Dir liegt – ein Moment mit Deinem Pferd. Bist Du in diesem Moment drinnen oder draußen? Ist es hell oder dunkel? Bist Du allein oder ist jemand bei Dir?

>>> Was passiert gerade? Wie fühlst Du Dich? Wo in Dir kannst Du dieses Gefühl wahrnehmen? Wenn das Gefühl eine Farbe hätte, welche Farbe wäre es? Was sorgt dafür, dass Du Dich gerade so fühlst? Wenn Du in dem Moment reitest: Wie fühlt sich Dein Pferd unter Dir an?

>>> Gibt es dort sonst noch etwas, das gerade wichtig für Dich ist?

>>> Stell Dir vor, dass überall um Dich herum dieses Gefühl und die dazugehörige Farbe ist, sodass Du es einatmen kannst. So als würdest Du in einer Wolke aus diesem Gefühl und dieser Farbe reiten. Eine Wolke, die Dich und Dein Pferd einhüllt.

>>> Stell Dir vor, Du atmest es tief ein. Es fließt in Deine Lungen, in Dein Herz und breitet sich von dort in Deinem ganzen Körper aus. Es fließt in Deinen Brustkorb und in Deinen Bauch. Es fließt in Dein Becken, in Deine Beine bis in Deine Füße, sogar bis in Deine Zehenspitzen hinein. Und es breitet sich immer noch weiter in Dir aus, mit jedem Atemzug. Es fließt in Deine Schultern, in Deine Arme, bis in Deine Hände und Deine Fingerspitzen hinein. Und immer noch weiter mit jedem Atemzug, bis in Deinen Hals und in Deinen

An Deinem sicheren Ort gibt es ein ganz besonderes Licht.

Kopf. Bis Du ganz von diesem Gefühl und Deiner Farbe erfüllt bist. Bis Du von innen heraus in dieser Farbe leuchtest und strahlst.

>>> Atme dieses Gefühl noch einmal tief ein und nimm die Atmosphäre dieses Momentes ganz tief in Dir auf. Wenn Du ein Symbol für diesen Moment an Deinen sicheren Ort mitnehmen könntest, was wäre das? Du könntest Dir z.B. vorstellen, dass Du ein Foto von diesem Moment machst und es einrahmst, sodass Du es an Deinen sicheren Ort mitnehmen und dort hinstellen und jederzeit ansehen kannst.

>>> Dann geh zurück an Deinen sicheren Ort und nimm das Gefühl und die Farbe dorthin mit. Dort wird sie Teil des Lichts. So dass Du jedes Mal, wenn Du gedanklich an Deinem sicheren Ort bist und Dich das Licht umgibt und ausfüllt, Du auch von diesem Gefühl ausgefüllt wirst und damit auftanken kannst. Dort kannst Du Dich auch an diesen Moment in Deiner Zukunft erinnern.

>>> Wenn Du Dir ein Bild davon mitgenommen hast, kannst Du es Dir jederzeit an Deinem sicheren Ort ansehen. Dein Unterbewusstsein wird von diesem Moment wie von einem starken Magnet angezogen und es wird alles in Dir so ausrichten, dass es genauso kommt.

>>> Mit jedem Tag geht es Dir besser und besser.

Selbsthypnose im Alltag

Suggestionen in Selbsthypnose

Suggestionen wirken ständig in uns. Auch wenn wir uns dessen nicht bewusst sind, programmieren wir uns permanent selbst mit unseren Suggestionen. Oftmals sind diese negativ, wir sabotieren uns also selbst. Solange Du Dich zum Beispiel selbst als übergewichtig empfindest, bleibst Du übergewichtig; denn Dein Gehirn versucht, den Status quo aufrecht zu erhalten. Es ist also sinnvoll, die negativen Suggestionen durch positive zu ersetzen.

Die wirksamsten Suggestionen sind gekoppelt mit Gefühlen und weiteren Sinneswahrnehmungen. Bei Ängsten ist dies automatisch der Fall. Ich möchte Dir nun erklären, wie Du Dir selbst Suggestionen ausdenken kannst, die Du mit den anderen Selbsthypnose-Übungen kombinieren kannst.

Wie sollten Suggestionen aufgebaut sein?

Positive Suggestionen sind bewusst, zielorientiert, fokussieren das gewünschte Ergebnis und beinhalten keine Schwierigkeiten.
z.B.:
»Jedes Mal, wenn ich mein Pferd reite, bin ich ruhig, entspannt und fokussiert.«

Positive, aktive Suggestionen genügen diesen sechs Kriterien:

1. Positiv formuliert

Wichtig ist, dass Du eine Suggestion positiv formulierst. Also statt »ich habe keine Angst« lieber »ich bin ruhig und konzentriert«. Ich würde auch auf Formulierungen wie »angstfrei« verzichten, weil unser Gehirn sich schwertut mit Negierungen. Verwende lieber Begriffe, die beschreiben, wodurch Du Deine Angst ersetzen möchtest. Möchtest Du entspannt ausreiten? Einen ruhigen Galopp genießen? Mit Freude springen?

2. Einfach – ein Satz

Sehr oft tendieren Menschen dazu, Schachtelsätze zu bauen, wenn es um ihre Wünsche geht. Sie wollen alle Eventualitäten berücksichtigen oder ihre Wünsche erklären.

3. Glaubhaft

Eine Suggestion bringt Dir nur etwas, wenn sie für Dich glaubhaft ist. Alles, was Du nicht glauben kannst, wird vom Unterbewusstsein zurückgewiesen und hat keine Wirkung. Wenn Du Dir nicht vorstellen kannst, dass Du irgendwann einmal im Galopp übers Stoppelfeld heizt, dann wähle eine andere Suggestion. Geh in diesem Fall kleinschrittiger vor. Was kam bei der Übung Zukunftsvision raus? Mit welchen Worten könntest Du diese Bilder und/oder Wahrnehmungen und Gefühle unterlegen?

4. Messbar

Du solltest erkennen können, ob Deine Suggestion etwas bringt oder nicht. Du brauchst also irgendeinen Maßstab für Veränderung. Vielleicht irgendein Adjektiv, das Du erkennen kannst, wenn es sich einstellt.

5. Im Präsens

Es ist wichtig, dass Du Deine Suggestionen im Präsens formulierst, so als seien sie bereits Realität. Also nicht »werde ich entspannt traben«, sondern »trabe ich entspannt«.

6. Lohnend

Die Suggestion soll belohnenden Charakter haben. Du möchtest Dich damit gut fühlen, z.B. »trabe ich entspannt und fühle mich gut«.

Ein einfaches Beispiel für eine Suggestion, die alle genannten Kriterien beinhaltet:
»Jeden Tag um 7 Uhr fahre ich 20 Minuten Fahrrad und fühle mich gesund und stark.«

Übung:

>>> Schreibe eine positive Suggestion zu einem persönlichen Thema, das Du verändern möchtest. Nutze einen einfachen Satz, keine Schachtelsätze. Die Suggestion sollte Dein Ziel beinhalten und vor allem keine Schwierigkeiten.

>>> Prüfe, ob sie den sechs Kriterien genügt:

1. positiv formuliert
2. einfach – ein Satz
3. glaubhaft
4. messbar
5. im Präsens
6. lohnend

>>> Praktiziere täglich Selbsthypnose, gehe an Deinen sicheren Ort und sage Dir selbst Deine Suggestion. Du kannst sie gerne ein paar Mal wiederholen.

>>> Eine Suggestion wirkt noch besser, wenn Du Dir dazu eine Situation vorstellst, in der Du das, was in Deiner Suggestion formuliert ist, bereits erreicht hast. Vielleicht ist es Deine Zukunftsvision, vielleicht ist es noch etwas anderes. Stell Dir zum Schluss das Licht vor, das alles beinhaltet und das Dir Schutz und Sicherheit gibt. Atme es noch einmal tief ein, bevor Du die Trance wieder verlässt.

Suggestion: Jedes Mal, wenn ich mein Pferd reite, bin ich ruhig und entspannt und fühle mich wohl.

Immer wieder an die Basics denken.

Tipps und Tricks

Es ist wichtig, dass Du für die nächsten Tage und Wochen so oft wie möglich Selbsthypnose praktizierst, am besten täglich. Dabei ist es normal, wenn dieses mal besser und mal schlechter klappt. Schau, wie Du sie am besten in Deinen Tagesablauf einplanst. Du kannst Selbsthypnose im Stehen, im Liegen oder im Sitzen machen; allerdings ist es im Stehen auf Dauer etwas unangenehm. Bleibe so lange in dem Zustand, wie Du die Vorstellungen aufrechterhalten kannst. Wenn Du bemerkst, dass Du z.B. darüber nachdenkst, was Du noch einkaufen musst, dann geh noch einmal gedanklich an Deinen sicheren Ort und in das Licht und dann geh aus der Trance heraus.

Es geht nicht darum, die Selbsthypnose in die Länge zu ziehen, und es bringt nichts, wenn Du mit Deinen Gedanken schon woanders bist. Dann lass es für den Moment gut sein, morgen ist wieder ein besserer Tag.

Es ist okay, wenn Du bei der Selbsthypnose einschläfst. So kannst Du Selbsthypnose auch im Bett vor dem Schlafen ausüben. Wenn Du allerdings häufiger schon bei der Hypnoseeinleitung einschlafen solltest, suche Dir besser einen anderen Platz oder eine andere Tageszeit.

Du kannst die Selbsthypnose tagsüber ausführen, wenn es zeitlich für Dich passt. Du brauchst nicht viel Zeit dafür. Wenn Du allerdings danach noch etwas vorhast oder befürchtest einzuschlafen, stell Dir lieber einen Wecker oder Dein Handy. Denn ein typisches Merkmal von Trance ist, dass wir währenddessen kein gutes Zeitgefühl mehr haben. Üblicherweise schätzen wir die Zeit in Trance kürzer, als sie tatsächlich war. Das Gegenteil ist auch möglich, passiert aber seltener.

An Tagen, an denen Du das Gefühl hast, Dich auf nichts konzentrieren zu können, höre die MP3 »Situationen meistern«. Zuzuhören funktioniert an solchen Tagen besser, als sich auf Selbsthypnose zu konzentrieren.

PROBLEME UND LÖSUNGEN

Ich schlafe immer dabei ein

Wenn Du Selbsthypnose im Sitzen und im Liegen zu verschiedenen Tageszeiten ausprobiert hast, aber jedes Mal einschläfst, hat Dein Körper offenbar Schlaf nachzuholen. Da Du für die Selbsthypnose aber Dein Bewusstsein brauchst, hast Du nicht viel davon, denn auch das Bewusstsein schläft. In diesem Fall höre stattdessen die Hypnose-MP3 »Situationen meistern«. Dein Unterbewusstsein hört zu, auch wenn Du schläfst, so dass Du während des Zuhörens ruhig einschlafen kannst.

Ich kann mich in letzter Zeit nicht auf die Selbsthypnose einlassen

Wenn wir in einer stressigen Phase stecken, uns beruflich einiges über den Kopf wächst oder wir Probleme in der Partnerschaft haben, fällt es uns oft nicht leicht, uns auf etwas zu konzentrieren. Schnell werden wir von unseren Problemen abgelenkt und haben das Gefühl, nicht in Trance zu gehen. Gerade in Zeiten, in denen wir Selbsthypnose am meisten bräuchten, ist es oft nicht leicht, am Ball zu bleiben. Denn dafür müssten wir unser Gefühl, uns nicht einlassen zu können, ignorieren und trotzdem Selbsthypnose machen.

Je geübter Du bist, desto leichter wird Dir das fallen. Wenn Du noch am Beginn der Selbsthypnose stehst, ist das sehr frustrierend. Für diese Fälle höre stattdessen die MP3 »Situationen meistern«, auch wenn diese Phase länger anhalten sollte. Höre sie so lange, bis Du wieder Selbsthypnose machen kannst. Ich habe sogar Klienten, die ausschließlich die MP3 hören, weil sie es angenehmer finden. Das ist in Ordnung; auch wenn ich es Dir empfehle, trotzdem immer mal wieder Selbsthypnose auszuüben. Wer weiß, wofür Du sie mal wieder brauchen kannst und dann bist Du noch etwas in Übung.

Ein anderes Problem taucht auf

Manchmal passiert es, dass wir ein Problem fast oder ganz gelöst haben und auf einmal taucht ein neues Problem auf, das Dir noch dringender erscheint. Ungefähr so, als würde sich eine Zwiebel häuten.

In dem Fall kümmerst Du Dich um das Problem, das gerade am wichtigsten ist. Auch für dieses Problem kannst Du alle Übungen aus dem Selbsthypnosekapitel nutzen. Deinen sicheren Ort kannst Du weiter benutzen. Du kannst für dieses Problem eine Blockadenlösung machen und mit Suggestionen arbeiten. Wenn sich das Problem verändert hat, gehst Du wieder zu Deiner Reitangst zurück, sofern sie noch bestehen sollte.

Beim Reiten setzt Du weiter den weichen Blick, die Kugel und den sicheren Ort ein.

Grundsätzlich gilt, dass Du mit all den Techniken, die Du mittlerweile kennst, jedes Problem bearbeiten kannst.

»Situationen meistern«

Die Bewegungen Deines Pferdes bringen Dich leicht in eine Trance.

Selbsthypnose beim Reiten

Sitzt Du zentriert und mit weichem Blick auf dem Pferd, wirst Du sehr leicht in eine Trance gehen können. Die rhythmischen Bewegungen Deines Pferdes und Deine Vorstellungen unterstützen dies. Du hast Deinen sicheren Ort kennengelernt und das Licht, das Dir Schutz und Sicherheit gibt. Wenn Du dies alles auf dem Pferd kombinierst, werden sich nicht nur Deine Gefühle verändern, sondern auch Dein Sitz. Im Folgenden werde ich von den Basics sprechen, wenn ich den weichen Blick, die Kugel, den sicheren Ort und das Licht meine.

Du musst nicht extra eine Hypnose einleiten auf dem Pferd, weil Du wie gesagt beim Reiten sehr schnell in Trance gehen kannst. Viele Menschen denken, dass es gefährlich sei, beim Reiten in Hypnose zu gehen, aber das Gegenteil ist der Fall.

Beim Reiten schließt Du nicht Deine Augen, sondern siehst weich dahin, wohin Du reiten möchtest. Du denkst an die Kugel in Deinem Becken und stellst Dir vor, Du bist an Deinem sicheren Ort. Das Licht ist um Dich herum und in Deinem Inneren, es gibt Dir Schutz und Sicherheit. Stell Dir vor, Du reitest in einer Wolke aus farbigem Licht und das Licht hüllt auch Dein Pferd mit ein, so dass ihr beide komplett davon eingehüllt seid. Du wirst Dich sehr viel verbundener mit Deinem Pferd fühlen. Und da Du ganz bei Dir bist, achtet auch Dein Pferd aufmerksam auf Dich. Du musst also gar nicht intensiv ans Treiben denken oder auf Deinen Sitz achten. Denn wenn Du an Deinen sicheren Ort und das Licht denkst und Dich gut fühlst, werden Deine Muskeln wie von Zauberhand geführt das ausüben, was Du von ihnen möchtest. Du kannst auch beim Reiten die Pika-Pika-Atmung nutzen.

Stell Dir vor, Dein Pferd und Du wäret von einer farbigen Lichtwolke eingehüllt.

Dein Unterbewusstsein ist Dein Schutzmechanismus, deswegen sind wir in Trance auch reaktionsschneller. Dadurch dass Du zentriert und mit weichem Blick reitest, bist Du optimal im Gleichgewicht. Durch die Vorstellung Deines sicheren Ortes, kannst Du tiefer im Pferd sitzen und effizienter auf es einwirken. Du brauchst deutlich weniger zu tun als wachbewusst.

Für die erste Zeit ist es hilfreich, vor dem Reiten Selbsthypnose zu praktizieren, vor allem, wenn Du Dich an diesem Tag dem stellen möchtest, was Dir bisher Angst gemacht hat. Wenn Du Dir also für einen Tag vorgenommen hast, wieder einen ersten Ausritt zu unternehmen, solltest Du eine Selbsthypnose machen, bevor Du in den Stall fährst. Gehe gedanklich immer an Deinen sicheren Ort mit dem Licht, sobald Du ans Ausreiten denkst. Nimm auch den weichen Blick und die Kugel dazu. Rufe diese Gedanken auch beim Fertigmachen Deines Pferdes auf, bevor Du aufsteigst und sobald Du auf dem Pferd sitzt.

Du kannst auch am Pferd stehend Selbsthypnose durchführen.

Erinnere Dich an die Basics: »Weicher Blick«, »Zentrieren«, »Sicherer Ort« und »Licht«.

Auch beim Aufsteigen gelten die Basics.

Denke auch daran, wenn Du auf dem Pferd sitzt.

TIPPS & TRiCKS

Wenn Du Dich im Schritt ein wenig eingegrooved hast, kannst Du Dich mit Deiner Vorstellung, dem weichen Blick und der Kugel auf alles Neue oder auf alles, was Dir schwierig erscheint, vorbereiten.

Gehe bei allem Schritt für Schritt vor und mach es Dir so einfach wie möglich. Es ist absolut in Ordnung, wenn Du Dir jemanden suchst, dem Du vertraust und der Dich jetzt unterstützt. Diese Person kann Dich führen, damit Du Dich erst einmal ganz auf Dich konzentrieren kannst und weder treiben noch lenken musst, während Du Dich mit Deiner Selbsthypnose-Aufgabe beschäftigst. Später wenn es um schnellere Gangarten geht, kannst Du Dich von dieser Person an die Longe nehmen lassen oder sie ist einfach nur anwesend und erinnert Dich eventuell immer mal wieder an weiche Augen, Kugel und Licht. Oft hilft es uns ja einfach zu wissen, dass jemand da ist. Immer, wenn Du einige Male etwas mit Erfolg ausgeübt hast, bist Du bereit für den nächsten Schritt.

Feiere Deine Erfolge und sei stolz auf Dich, wenn Dir etwas gelungen ist, das bis vor kurzem noch schwierig für Dich war. Du darfst Dich darüber freuen und stolz darauf sein, dass Du es geschafft hast. Erfolgserlebnisse sind sehr wichtig, damit Du Dir mehr zutraust. Zweifel hingegen, ob Du etwas das nächste Mal wieder schaffst, schiebe weit von Dir. Sie nähren nur Deine Angst. Im nächsten Kapitel erkläre ich Dir dazu mehr.

Handwechsel

Wir alle haben beim Reiten eine Schokoladenseite, auf der wir uns irgendwie besser fühlen. Fange immer auf Deiner sichereren Seite an. Wenn Du auf dieser Seite durch weiche Augen, Kugel, sicheren Ort und Licht ein gutes Gefühl erreicht hast, mach Dir bewusst, wo Du es spürst und wie es sich anfühlt. Reite in Deiner farbigen Lichtwolke und wechsle die Hand, nimm das Gefühl mit auf die neue Seite. Wenn Du auf der neuen Hand angekommen bist, lass wieder Deinen Blick weich werden, die Kugel ins Becken sinken, gehe an Deinen sicheren Ort und in das Licht, das Dein Pferd und Dich einhüllt. Wenn Du das Gefühl verlierst, gehe zurück auf die bessere Hand, hol es Dir dort zurück und nimm es wieder mit auf die nicht so gute Seite.

Hol Dir Dein gutes Gefühl zurück.

Gruselecken

Gehörst Du zu den Reitern, deren Pferde ausgemachte Gruselecken haben? Oft ist es so, dass Dein Pferd in dieser Ecke oder an dieser Stelle in der Vergangenheit einmal gescheut hat und im Laufe der Zeit schaukelt Ihr Euch gegenseitig hoch. Deine Erwartungshaltung ist so, dass Du immer mehr davon ausgehst, dass Dein Pferd in dieser Ecke scheuen wird. Dadurch verkrampfst Du Dich schon, bevor Ihr diese Stelle überhaupt erreicht habt. Eventuell hältst Du auch die Luft an. Das ist für Dein Pferd nicht sehr angenehm und es wird sich ebenfalls verkrampfen. Dadurch wiederum steigt Deine Anspannung und so verselbständigt sich das Ganze. Du erwartest nichts Gutes von der Ecke und Dein Pferd auch nicht, denn dort passieren immer unangenehme Sachen.
Scheut Dein Pferd dort nur unter Dir oder auch an der Longe oder an der Hand?

Wenn Dein Pferd bereits an der Longe oder an der Hand scheut, beginne Deinem Pferd an der Hand zu zeigen, dass Du die Ecke nicht mehr schlimm findest. Abgesehen davon, dass positive Verstärkung hier eine gute Möglichkeit ist, der Ecke den Schrecken zu nehmen, ist es sehr hilfreich, wenn es Dir gelingt, entspannt in diese Ecke zu gehen und dort entspannt zu bleiben.

Geh ruhig zunächst ohne Pferd durch die Ecke und spüre in Dich hinein, wie Du Dich dabei fühlst. Bist Du ohne Pferd entspannt oder hast Du selbst dann ein komisches Gefühl? Finde heraus, wie nervös Dich diese Ecke mittlerweile macht. Ich hatte eine Klientin, die Herzrasen bekam, wenn sie sich »ihrer« Ecke näherte. In solchen Fällen ist es hilfreich, erst einmal ohne Pferd zu üben. Auch hierbei denkst Du wieder an Deinen sicheren Ort, an das Licht und siehst mit weichen Augen, wo Du hingehst, und denkst an die Kugel in Deinem Becken. Wenn das gut klappt, nimmst Du das Pferd dazu. Wenn Du diesen ersten Schritt ohne Pferd nicht brauchst, umso besser.

Wenn Dein Pferd auch an der Hand oder Longe ein Problem mit der Ecke hat, bist Du jedes Mal, wenn Ihr dort lang geht, ganz bei Dir bzw. gedanklich an Deinem sicheren Ort. Dein Blick ist weich und Du bist zentriert. Die Idee ist, dass Du es schaffst, ganz

Gegenstände, wie hier die Kamerataschen, können Dein Pferd erschrecken, denk wieder an die Basics.

ruhig und so entspannt wie möglich zu bleiben. Damit hilfst Du Deinem Pferd, selbst ruhig zu bleiben. Wie gesagt: Positive Verstärkung funktioniert auch prima und umso besser, wenn Du dabei nicht nervös wirst.

Wenn das Problem nur beim Reiten besteht, übst Du das gleiche auf Deinem Pferd. Ihr schreitet auf die Ecke zu, Du bist an Deinem sicheren Ort, zentriert, mit weichem Blick und stellst Dir das Licht in Deiner Farbe um Euch herum vor. Lass Dich gegebenenfalls erst einmal durch die Ecke führen. Erfolgserlebnisse helfen beim Meistern von Schwierigkeiten sehr.

Schnellere Gangarten

Bist Du schon seit längerem nicht mehr getrabt oder galoppiert, stelle es Dir in Selbsthypnose vor. Erinnere Dich daran, wie es sich früher angefühlt hat, als es Dir noch leichtfiel. Wo spürst Du das Gefühl in Deinem Körper? Welche Farbe hat es? Nimm es mit an Deinen sicheren Ort, dort wird es Teil des Lichts.

Auf Deinem Pferd bereitest Du Dich mit sicherem Ort, weichem Blick, Kugel und Licht auf die nächsthöhere Gangart vor. Lass Dich die ersten Male an die Longe nehmen, um das Gefühl für die Gangart wieder zu bekommen. Beginne mit ein paar Schritten oder ein paar Sprüngen in der schnelleren Gangart und pariere rasch wieder durch. Zu Beginn sollst Du gar nicht lange in der Gangart verweilen. Stelle Dir die ganze Zeit Licht um Euch herum vor und atme es ein. Denk an die Kugel und an die weichen Augen. Wenn die Reprisen länger werden, nimm Deinen sicheren Ort dazu. Nachdem Du einige Male ein paar Runden ohne Angstsymptome geschafft hast, bist Du bereit, es ohne Longe zu versuchen.

Immer wenn es unangenehm wird, starrst Du vermutlich gerade.

Lass Deinen Blick weich werden und denke an die Kugel, Deinen sicheren Ort und das Licht. Das geht auch beim Leichttraben. Du wirst sehen, dass sich Dein Pferd zügig wieder entspannt.

Reite während Deine Vertrauensperson bei Dir ist. Sie kann Dich an die Basics erinnern. Wenn das gut klappt, kannst Du auch alleine üben.

Es ist in jeder Gangart möglich, zentriert zu sitzen, mit weichem Blick und der Idee der Kugel im Becken. Gerade beim Leichttraben braucht es anfangs oft etwas Übung. Erinnere Dich immer mal wieder daran. Denn oft ist das Problem, dass man die Vorstellung davon immer wieder aufgibt.

Springen

Ja, Du kannst tatsächlich alles, was Du bislang gelesen hast, auch beim Springen ausüben. Auch hierbei gilt, dass Du Dich Stück für Stück an höhere Sprünge heranarbeitest. Beginne mit Cavalettis und gewöhne Dich an kleine Hüpfer mit den Basics. Je mehr Dir diese in Fleisch und Blut übergehen, desto sicherer stehen sie Dir auch bei höheren oder weiteren Sprüngen zur Verfügung und natürlich auch bei allem, was es darüber hinaus gibt.

Ausreiten

Beginne auch beim Ausreiten mit kleinen Schritten, so dass Du Dich zwar selbst etwas forderst, aber nicht überforderst. Lass Dich führen oder Dich auf dem Handpferd mitnehmen. Du kannst Dich auch auf dem Fahrrad begleiten lassen oder für die ersten Versuche Pferde tauschen, wenn Dir das lieber ist. Praktiziere vorher Selbsthypnose und erlebe das Ausreiten in Trance. Denke währenddessen an die Basics und wage Dich Schritt für Schritt weiter. Belohne Dich für Deinen Mut.

Sicher wirst Du bemerken, dass auch Dein Pferd zunehmend ruhiger wird. Ein Pferd honoriert Deine Bemühungen und Deine Arbeit an Dir selbst.

Die Basics sind überall anwendbar ...

.... auch bei jedem Tempo.

PROBLEME UND LÖSUNGEN

Falls Du einmal einen Rückschlag erleben solltest, ist das nicht so schlimm. Dazu findest Du später mehr.

Das häufigste Problem ist, dass man schlichtweg vergisst, woran man denken sollte. Deswegen ist es hilfreich, wenn Du eine Person an Deiner Seite hast, die Dich öfter einmal fragt, wie Du gerade guckst, wo die Kugel gerade ist oder Dir die Farbe Deines Lichts ab und an sagt. Nach einiger Zeit musst Du nicht mehr an die Basics erinnert werden. Es wird immer normaler für Dich werden, so zu reiten.

Wenn Du niemanden hast, der Dir helfen kann, kannst Du mit anderen Tricks arbeiten. Gehörst Du zu den Reitern, die gerne auf die Ohren ihres Pferdes starren? Dann besorge Dir Fingerfarbe oder spezielle Pferdefarbe, die es mittlerweile gibt, und tupfe Deinem Pferd etwas Farbe an die Ohren oder auf die Mähne oder den Hals, je nachdem, wo Du oft hinstarrst. Du kannst auch etwas Farbiges am Genickstück befestigen. Sobald die Farbe in Dein Blickfeld kommt, hebe Deinen Kopf, lass Deinen Blick weich werden, die Kugel in Dein Becken sinken. Stell Dir das Licht um Dich herum vor und atme es ein. Denk an Deinen sicheren Ort.

Du siehst immer dahin, wo Du hinreitest? Solange Du auf dem Platz oder in der Halle reitest, kannst Du an strategisch günstigen Punkten etwas in der Lichtfarbe positionieren und Dich dadurch an Deine Basics erinnern.

Wenn Du in Trance Schwierigkeiten hast, Dir vorzustellen, dass Du Dein bisheriges Problem gut meisterst, z.B. auf dem Außenplatz zu galoppieren, darfst Du in Trance etwas kreativ werden. Was bräuchtest Du, um dort sicher und gelassen zu galoppieren? Gehe gedanklich an Deinen sicheren Ort und tanke Dich dort durch das Licht mit dieser Fähigkeit auf. Reicht das nicht und Du brauchst etwas anderes? Wie wäre es mit einer imaginären Schutzweste? Wenn diese Dir hilft, darfst Du sie auch ruhig durch eine reale Schutzweste ergänzen.

Gibt es eine frühere Version von Dir oder eine zukünftige, die prima galoppieren kann? Was trägt diese Version von Dir? Eine besondere Reithose, Weste oder Jacke? Stell Dir vor, Du schlüpfst in diese Sachen und damit auch in die Galoppsituation. Wie fühlt sich das an?

Was Dir in der Imagination hilft, nutze auch bei der realen Umsetzung.

Wenn Du Dir vorgestellt hast, Du trägst als sichere(r) ReiterIn eine besondere Weste, schlüpfe gedanklich in diese Weste und auch in diese Version von Dir selbst, bevor Du auf Dein Pferd steigst. Natürlich kannst Du Dir diese Weste auch tatsächlich anziehen, wenn Du sie besitzt.

3.4 Die Macht der Gedanken

Hypnotiseure wissen schon lange, dass das neuronale Netzwerk in Trance am besten verändert werden kann. Niemand kann uns zwar bislang sagen, was das Unterbewusstsein genau ist, aber die Neurobiologie kann zumindest annähernd vermitteln, was im Gehirn passiert. Mittlerweile gibt es viele Studien zu Hypnose und Trance. Aktuell läuft eine Studie in der Schweiz (Mitwirkende sind die Psychiatrische Universitätsklinik Zürich, Universität Zürich, ETH, Center of Dental Medicine und OMNI), in der erforscht wird, welche Regionen im Gehirn in mittleren bis tiefen Trancen aktiv sind. In Trance wird zum Beispiel das Schmerzzentrum gedämpft und wir haben Zugriff auf unbewusste Erinnerungen. Wir können uns die Ursache von Problemen ansehen und die Auswirkungen dieser Ursache verändern. Mit Selbsthypnose ist das deutlich schwieriger, die Beschreibung dieses Ansatzes würde dieses Buch sprengen.

Was wir aber machen können, ist, dass wir neue Verknüpfungen im Gehirn anlegen oder alte unbenutzte Verknüpfungen reaktivieren. Statt in bestimmten Situationen, in denen Angst nicht förderlich und irrational ist, mit Angst zu reagieren, möchtest Du gelassen reagieren können. Damit dies gelingt, musst Du Dich sicher fühlen können. Da die Angst Dein Leben in der vergangenen Zeit stark beherrscht hat, ist es zunächst notwendig, das Gefühl von Sicherheit in Dir wieder präsent zu machen. Das hast Du in Selbsthypnose mit Hilfe des sicheren Ortes und des Erinnerns an sichere und gute Momente in Deiner Vergangenheit bereits getan. Es ist wichtig, dieses Gefühl immer wieder in Dir wachzurufen, denn damit stärkst Du – vereinfacht gesagt – diese spezielle neuronale Verknüpfung. Zu Deinen Gefühlen hast Du in Trance am besten Zugang; aus diesem Grund lässt sich das neuronale Netzwerk am besten in Trance ändern.
Da Selbsthypnose jedoch immer etwas Zeit kostet, kannst Du das Mentaltraining zu Hilfe nehmen, indem Du immer wieder auch in einem wachbewussten Zustand diese Verknüpfungen benutzt, die Du stärken möchtest.

Sinnvoll ist dabei auch, die alte Verknüpfung der Angst zu schwächen. Dies ist möglich, indem man zwei Techniken miteinander kombiniert. Ich erkläre Dir im Folgenden wie das funktioniert.

Techniken zur Gedankenkontrolle

Du weißt mittlerweile, dass Du Deine Angst stärkst, wenn Du Deinen Fokus immer wieder darauf legst und an das denkst, was Dir Angst macht. Es ist also wichtig Deine Gedanken zu kontrollieren, denn Deine Gedanken beeinflussen Deine Gefühle und damit auch Dein Verhalten. Eine sehr bekannte Technik, um seine Gedanken zu kontrollieren, ist der Gedankenstopp.

Immer, wenn Du einen Gedenken hast zu Deiner Angst, z.B. »Oh, es ist sehr windig heute, da wird mein Pferd wieder sehr nervös. Vielleicht sollte ich doch lieber nicht reiten.«, sagst Du zu Dir selbst »Stopp« und stellst Dir dabei gedanklich ein Stoppschild vor. Jedes Mal wenn Deine Gedanken in diese Richtung gehen, wiederholst Du die Übung.

Wenn Du das Gefühl hast, dass diese Technik Dir hilft, behalte sie bei.

Ich möchte Dir noch eine alternative Möglichkeit zeigen. Statt Deine Gedanken zu stoppen, lenkst Du sie um. Gleichzeitig sorgst Du dafür, dass der Stresspegel in Deinem Körper etwas absinkt.

Wie Du Deine Gedanken umleitest.

Immer, wenn Du merkst, dass Du Dich gedanklich mit Deiner Angst beschäftigst, lass Deinen Blick weich werden und die Kugel in Dein Becken senken. Gehe außerdem gedanklich kurz an Deinen sicheren Ort und stelle Dir das Licht um Dich herum vor; nimm einen Atemzug von dem Licht. Stell Dir dazu vor, Du würdest die Farbe des Lichts einmal tief einatmen. Das Licht gibt Dir Schutz und Sicherheit und beinhaltet alles, was Du brauchst, damit es Dir wirklich gutgehen kann.

Neue Verknüpfungen schaffen und stärken

Du hast nun schon gelernt, dass Du neuronale Verknüpfungen am besten in Trance erstellen kannst, indem Du Dir intensiv etwas vorstellst. Jedes Mal, wenn Du das tust, stärkst Du die vorhandene Verknüpfung. Es ist nicht wichtig, wie Du diese Verknüpfung benutzt, ob Du sie in Trance oder wachbewusst nutzt, ob mental oder im realen Erleben. Das einzige, was sich dabei unterscheidet, ist, die Intensität, mit der die Verknüpfung gestärkt wird.

Nun hast Du natürlich nicht viel davon, immer nur in Deiner Vorstellung zu reiten. Zwar ist es Deinem Gehirn egal, ob Du Dir etwas nur vorstellst oder es tatsächlich geschieht, doch auch die Muskelzellen haben ein Erinnerungsvermögen. Deshalb ist es notwendig, dass Du Dich selbst beim Reiten testest.

Keine Sorge, Du musst nicht gleich einen 1,20 m-Oxer springen, wenn Du seit Jahren nicht mehr gesprungen bist. Unser Ziel ist es ja, Deine Erfolgserlebnisse im Zusammenhang mit den Verknüpfungen zu stärken und nicht, Dich zu überfordern. Damit würden wir nur die falschen Verknüpfungen reaktivieren. Dennoch wirst Du nicht ganz darum herumkommen, Dich dem, was Dir bisher Angst gemacht hat, zu stellen. Dabei hilft Dir eine systematische Herangehensweise.

Erst wenn Dir in Trance etwas gut gelingt und Du es Dir auch wachbewusst oft gut vorstellen kannst, lässt Du es Wirklichkeit werden. Währenddessen arbeitest Du mit Selbsthypnose. Am einfachsten lässt sich das an einem Beispiel erklären.

Anne ist das letzte Mal vor drei Jahren ausgeritten. Bei diesem Ausritt ging ihr Pferd durch und obwohl Anne nichts passiert war, war für sie seitdem ein Ausritt ein Ding der Unmöglichkeit. Auch ansonsten hatte sich die Unbeschwertheit, die sie früher beim Reiten gespürt hatte, verabschiedet. Immer öfter ritt die Angst auch in der Halle mit, wenngleich es Anne in der Halle schaffte, die Angst zu ignorieren und trotzdem zu reiten. Anne hat in der letzten Zeit viel Selbsthypnose gemacht. Sie hat einen sicheren Ort, der gut für sie funktioniert, und so denkt sie auch tagsüber oft an ihn. Sie hat gemerkt, dass ihr das Reiten wieder zunehmend Freude bringt und wünscht sich, sehr bald wieder ausreiten zu können. Statt das Ausreiten nun einfach auszuprobieren, ist ein kleinschrittiges Vorgehen ratsam.

Anne hat in der Selbsthypnose bereits ihre Zukunft erschaffen und sich selbst in Trance bei einem Ausritt erlebt. Während der Trance spürte sie, wie sie ihr Pferd ritt. Ihr Pferd fühlte sich locker und entspannt an, und Anne fühlte sich frei. Sie spürte die Freiheit in ihrem Bauch, der ganz entspannt und freudig war, und sie spürte die Verbundenheit zu ihrem Pferd in ihrem Herzen. Es war ein total schönes Gefühl und sie nahm es in sich auf, atmete es ein

und nahm es mit an ihren sicheren Ort, wo es Teil des Lichts wurde. An ihrem sicheren Ort platzierte sie auch ein eingerahmtes Bild dieses Ausrittes. Es zeigt sie und ihr Pferd im Galopp auf einem Waldweg. Anne strahlte über das ganze Gesicht und ihre vom Wind leicht geröteten Wangen leuchteten. Das Sonnenlicht fiel durch das Blätterdach und zauberte kleine Lichtpunkte auf den Sandboden.
Immer, wenn Anne in Trance an ihrem sicheren Ort war, sah sie sich das Bild an und spürte das Gefühl, das sie während dieses vorgestellten Ausritts empfunden hatte.

Da sie nun einen solchen Ausritte in die Tat umsetzen wollte, machte sie sich einen groben Plan. Sie würde erst einmal mit einer befreundeten Reiterin losziehen, die Annes Pferd als Handpferd mitnehmen würde. Anne sollte die Zügel zwar auch in die Hand nehmen, aber sie wollte nicht riskieren, zu schnell vorzugehen. Deshalb kam sie auf die Idee, einen Teil der Kontrolle an ihre Freundin abzugeben. In Trance stellte sie sich die Situation nun vor und konnte so schon einmal hineinspüren. Auch wachbewusst dachte sie an dieses Vorhaben und konnte es sich gut vorstellen; sie hatte ein gutes Gefühl dabei. Anne und ihre Freundin drehten eine kurze Schrittrunde und Anne war hinterher sehr stolz auf sich. In den nächsten Tagen und Wochen ging sie immer einen Schritt weiter; mittlerweile war auch ein frischer Galopp auf dem Waldweg möglich. Sie fühlte sich rundum sicher und wusste auch, was sie tun könnte, wenn sie doch einmal nervös werden sollte.

Erst wenn etwas sich auch in Deinen Gedanken gut anfühlt, macht es Sinn, es in die Wirklichkeit umzusetzen. So erschaffen wir Erfolgserlebnisse und vermeiden Rückschritte. Es ist sehr wichtig, dass Du Dich Deinen Herausforderungen stellst, ohne Dich dabei zu überfordern.

Sicherheit geht vor

Reiten ist kein ungefährlicher Sport, das weißt Du sicher. Dennoch passieren die meisten Unfälle mit dem Pferd beim Umgang und nicht beim Reiten. Das liegt daran, dass wir im Laufe der Zeit unsere Vorsicht ablegen. Gerne vergessen wir im Umgang mit dem Pferd, dass es ein Fluchttier ist, und ignorieren nach und nach die Dinge, die uns am Anfang eingebläut worden sind.

Sei also stets aufmerksam, wenn Du Dich mit Deinem Pferd beschäftigst. Wer sein Pferd mit dem Handy in der Hand führt oder reitet, bekommt oft nicht mit, was um ihn herum passiert. Das führt zu verlangsamten Reaktionen und ist einfach nicht sicher.

Es gibt einen Grund, warum zur Reitausrüstung Stiefel oder Stiefeletten, Handschuhe und ein Helm gehören. Es macht Sinn, diese zu nutzen. Darüber hinaus ist es sinnvoll, mit einer Sicherheitsweste zu reiten, vor allem, wenn Du Dich damit besser fühlst.

Nimm die Hilfe in Anspruch, die Du bekommen kannst. Es ist ja nicht Dein Ziel, ohne Schutzausrüstung zu reiten, sondern beim Reiten wieder Spaß zu haben.

Zur Steigerung Deiner Sicherheit gehört auch gepflegtes Material. Leder wird irgendwann brüchig, durch eine gute Pflege kann man die Lebensdauer verlängern, aber unendlich haltbar wird sie dadurch nicht. Kümmere Dich also regelmäßig um Deine Ausrüstung und halte sie in gutem Zustand.

Insbesondere wenn Du ausreitest, ist es nicht schlecht, wenn man Dich orten kann. Dazu gibt es mittlerweile gute Apps für Dein Handy. Natürlich ist es immer sicherer zu zweit auszureiten, das muss ich Dir nicht extra sagen, aber wenn Du alleine ausreiten möchtest, ist es besser, Maßnahmen zu treffen, sollte doch einmal etwas passieren. Solche Vorsichtsmaßnahmen können Dir auch mehr Ruhe und Entspanntheit geben, denn Du weißt, dass Du vorbereitet bist. Du must Dich nicht davor ängstigen, dass Du nicht sicher bist.

Das soll freilich nicht heißen, dass Du nun alles stets unter Kontrolle haben musst. Das wäre zu viel des Guten, denn das Leben kann man nicht kontrollieren. Wenn Du also das Gefühl hast, dass es zu viel ist, such Dir Hilfe.

Ich mache mir Sorgen

Rückschläge sind kein Grund zu denken, dass Deine Strategie nicht funktioniert. Sie gehören zum Prozess dazu und sind nicht zu vermeiden. Das bedeutet nicht, dass Du sie erwarten solltest.

Es kann vor allem dann zu Rückschlägen kommen, solange die neuronale Verknüpfung für die Angst noch existiert und nicht gänzlich abgebaut ist. Häufig kommt es zu Rückschlägen, wenn wir gerade eine schwierige Zeit erleben. Eine Klientin von mir, die neben der Angst auch Panikattacken hatte, erkannte in Hypnose, dass der nicht verarbeitete Tod ihres Vaters in ihrer Kindheit die Ursache ihrer Ängste war. Als sie dies erkannt hatte, ging es für sie aufwärts. Nach ein paar Monaten bekam sie jedoch plötzlich wieder Ängste, wenn auch nicht so schlimm wie vorher. Ich war der Meinung, dass etwas den erneuten Ausbruch der Angst getriggert haben musste. Am Telefon kamen wir darauf, dass ihre erneute Angst mit einem Todesfall in ihrem Freundeskreis zusammenhing. Daraufhin intensivierte sie ihre Selbsthypnose und die Angst ging. Dies ist nun einige Jahre her und sie ist seitdem angstfrei.

Zu Rückfällen kommt es oft aus den folgenden Gründen:

- **Es passiert etwas Ähnliches, wie das, was die Angst ursprünglich verursacht hat. Wie bei meiner Klientin sind dies oft schwerwiegende Einschnitte im Leben.**
- **Es passiert etwas anderes Dramatisches, das Dich total aus der Bahn wirft. Auch wenn dieses Ereignis nichts mit der Ursache Deiner Angst zu tun hat, sorgt es dafür, dass Dein Leben insgesamt Kopf steht. Beispiele dafür sind schwere Erkrankungen, Todesfälle, Trennungen, Mobbing oder Ähnliches.**
- **Die nächste Variante, warum es zu einem Rückfall kommen kann, ist, wenn man zu früh mit der Selbsthypnose und den Übungen aufgehört hat. Man denkt, es läuft, also stellt man die Übungen ein, lässt die Selbsthypnose weg und fängt nicht wieder damit an, wenn man merkt, dass sich die Angst schrittweise wieder meldet.**

Solltest Du merken, dass Deine Angst schleichend wieder zurückkommt, ist das kein Grund, die Flinte ins Korn zu werfen. Du kannst das Ruder wieder herumreißen. Wenn Du es bereits geschafft hast, relativ angstfrei zu reiten, wird es ein Leichtes sein, die Angst komplett gehen zu lassen. Alles, was Du dafür brauchst, ist wieder etwas mehr Engagement.

Gedanken umleiten

Das Wichtigste, wenn Dir bewusst wird, dass Du an Deine Ängste denkst, ist, dass Du Deine Gedanken sofort umleitest. Je mehr wir uns mit unseren Ängsten beschäftigen, desto stärker werden sie, das wird Dir mittlerweile sehr klar sein. Auch wenn Du Deine Angst zwischendurch bereits losgeworden bist, ist es möglich, sie zu reaktivieren, wenn Du Dir erlaubst zu zweifeln und Dich zu fragen, ob die Angst

Sicher ist sicher! Das Reiten ohne Kappe sollte eine absolute Ausnahme sein.

Ich habe dies selbst schon öfter erlebt. Als ich vor ein paar Jahren an einer Herzmuskelentzündung erkrankt war, stand es nicht sehr gut um mich. In solchen Zeiten rückt sich oft vieles zurecht und man nimmt eine andere Perspektive ein. Mit so einer Erkrankung wird einem insbesondere die eigene Sterblichkeit sehr bewusst. Vor allem, weil die Ärzte in meinem Fall keine Prognose wagten. Sie sagten mir ganz klar, dass ich wahrscheinlich nicht mehr gesund werden würde. Ich wusste aus meinem Bekanntenkreis, was eine Myokarditis für Folgewirkungen haben kann und natürlich war mir auch bewusst, dass ich diese Krankheit vielleicht nicht überleben würde. Trotzdem glaubte ich einfach nicht, an die Möglichkeit, nicht mehr gesund zu werden. Ich war mir sicher, dass ich leben, arbeiten und natürlich auch wieder reiten können würde. Ich klärte für mich, was geschehen sollte, falls ich doch das Zeitliche segnen sollte.

wohl zurückkommt. Immer, wenn Du merkst, dass Du zweifelst oder über die Ängste nachdenkst, lass Deinen Blick weich werden und die Kugel ins Becken sinken, geh gedanklich an Deinen sicheren Ort und stell Dir das Licht um Dich herum vor, das Dir Schutz und Sicherheit gibt. Atme es tief ein und stell Dir vor, dass es Dich ausfüllt. Danach beschäftige Dich mit etwas anderem, so dass Du von Deinen Gedanken möglichst abgelenkt wirst.

Tipps und Tricks

Manchmal sorgen auch unsere Mitmenschen dafür, dass wir zu zweifeln beginnen, ob etwas Wirkung zeigt. Manche Menschen müssen überall ihren Senf dazugeben und sind obendrein sehr pessimistisch in ihren Ansichten. Sei im Zweifelsfall also vorsichtig, mit wem Du darüber sprichst, dass Du an Deinen Ängsten arbeitest. Du bist suggestibel, also empfänglich für Dinge, die man Dir sagt, vor allem, wenn das Thema für Dich einen hohen emotionalen Wert hat. Lass nicht zu, dass jemand Dir Deine Erfolge madig macht oder sie gar anzweifelt.

Ansonsten erlaubte ich mir nicht darüber nachzudenken. Und das trainierte ich. Ich war ein sehr ängstlicher Mensch, was aber heute niemand mehr von mir glauben würde. Was für mich schwierig zu ertragen war, waren die Bemerkungen anderer Menschen. Eines Tages kam ich in den Stall. Dieser wöchentlichen Besuch bei meinem Pferd war mein absolutes Highlight. Jeden Samstag wurde ich in den Stall gefahren, dort gab ich Gitano einen Apfel und streichelte ihn etwas. Dann musste ich mich hinsetzen. Anschließend wurde ich wieder nach Hause gebracht. Den Großteil meines Stallbesuches verbrachte ich sitzend, und leider war ich bereits nach 15 bis 20 Minuten so erschöpft, dass wir wieder fahren mussten. Ich weiß, dass es für andere nur schwer vorstellbar war, wie es mir damals ging.

Ich stand gerade an Gitano gelehnt, der eifrig seinen Apfel kaute, als eine Miteinstellerin mich fragte, wie es mir ginge. »Es wird«, sagte ich. Sie sagte: »Mhm, sieht nicht so aus. Ich hatte einen Bekannten mit

einer Herzmuskelentzündung. Der liegt jetzt unter der Erde.« Und mit diesen Worten ging sie aus dem Stall.
Ich habe mich oft gefragt, warum Menschen sich so verhalten und Dir Deine Hoffnung zerstören. Vermutlich ist es ihnen nicht bewusst, was sie gerade anrichten. Dies kann jedoch keine Entschuldigung sein, und wir alle sollten uns deutlich bewusster werden, welche Macht unsere Worte haben. Oft möchten Menschen einfach nur mitreden können, und worüber wird oft getratscht? Über Horrorgeschichten. Jede Mutter wird ein Lied davon singen können, dass ihr horrorartige Geburtsgeschichten erzählt wurde, während sie hochschwanger war. Es ist kein Wunder, wenn diese Geschichten negative Auswirkungen haben.
Besagte Miteinstellerin war damals nicht die einzige, die mir Geschichten von Menschen erzählte, die an einer Herzmuskelentzündung verstorben waren. Zum Glück kannte ich mich auch damals schon gut mit Selbsthypnose aus und konnte mich dadurch vor diesen negativen Suggestionen schützen.

So solltest auch Du das sehen. Wenn Dir also jemand aus Besorgnis oder aus einer anderen Motivation heraus versucht, die Ängste wieder herbeizureden, schütze Dich davor und beschäftige Dich mental mit etwas Anderem. Stell Dir das Licht um Dich herum vor, das alles Negative abprallen lässt.
Du kannst in einer solchen Situation auch die Pika-Pika-Atmung ausüben oder eine Achtsamkeitsübung durchführen.

Achtsamkeitsübungen lassen sich auch sehr gut als Gedankenunterbrecher nutzen, wenn Du merkst, dass Du Dich mit Zweifeln oder Ängsten beschäftigst.

PROBLEME UND LÖSUNGEN

Sehr wahrscheinlich wird Dir erst bewusst, wenn Du darauf achtest, wie oft Deine Gedanken mit Deinen Ängsten und Zweifeln zu tun haben. Vielleicht bist Du etwas überwältigt davon. Vielleicht kommst Du dann auf die Idee, Deinen Gedanken ausgeliefert zu sein und sie nicht kontrollieren zu können. Dies stimmt jedoch nicht. Du kannst Deine Gedanken ändern, auch wenn Dir dies nicht zufliegt und Du etwas dafür tun musst. Übung macht auch hier den Meister.

Wenn Deine Gedankenkontrolle am Anfang gut geklappt hat, Du aber plötzlich Probleme damit hast, dann ändere Deine Strategie. Solltest Du bisher immer mit weichem Blick und Kugel gearbeitet haben, nimm stattdessen mal die Pika-Pika-Atmung oder probiere aus, wie es mit Achtsamkeitsübungen aussieht. Wenn Du beim nächsten Mal Gedanken zu Deiner Angst hast, sieh Dich im Raum um und such Dir fünf Dinge, die Du siehst, fünf Geräusche, die Du hörst, fünf Empfindungen an der Grenze Deines Körpers, dann jeweils vier, dann jeweils drei, dann jeweils zwei und dann jeweils eine Sache. Wenn Du das sehr bewusst tust, sollten Deine Gedanken um die Angst nebensächlich geworden sein.

Beschäftige Dich danach am besten mit etwas, das Deine gesamte Aufmerksamkeit erfordert.
Höre außerdem täglich die MP3 »Situationen meistern« und/oder mach Selbsthypnose. Orientiere Dich für die nächste Zeit an den Schritten 2 bis 5 in Deinem Fahrplan.

»Die schwierigste Herausforderung besteht darin,
man selbst zu werden, in einer Welt, in der jeder versucht,
dich zu jemand anderem zu machen.«

E. E. Cummings

3.5 Von der Angst zur stimmigen Reiterpersönlichkeit

Manchmal meldet sich die Angst in bestimmten Situationen erneut, obwohl man meint, sie verstanden zu haben und an ihr zu arbeiten.
Viele Reiterinnen und Reiter stellen sich an diesem Punkt die Frage, ob sie etwas falsch machen. Ob sie nicht konsequent oder mutig genug sind. Oder ob mit ihnen einfach »etwas nicht stimmt«.
Ich möchte, dass du an dieser Stelle etwas ganz Wichtiges weißt. Angst bedeutet nicht zwangsläufig, dass du auf dem falschen Weg bist. Manchmal bedeutet sie vielmehr, dass der Weg, den du gerade gehst, nicht zu dir passt.

Gerade sensible, fein wahrnehmende Reiterinnen und Reiter geraten schneller unter Druck, wenn äußere Reize, Erwartungen oder Unsicherheiten zunehmen. Oft spüren sie dabei weder ihre Überforderung noch mögliche Grenzüberschreitungen anderer, z. B. weil sie gelernt haben, es zu unterdrücken oder nicht zu zeigen, manchmal nicht einmal sich selbst. Die Folge ist dann oft Unsicherheit und Angst, weil zu viel gleichzeitig auf sie einwirkt.
Angst entsteht somit nicht nur durch Erlebnisse oder Gedanken. Sie entsteht auch dann, wenn wir versuchen, jemand zu sein, der wir im Innersten nicht sind. Wenn wir uns anpassen, wo wir eigentlich Struktur brauchen. Wenn wir durchhalten, wo unser Nervensystem längst um Sicherheit bittet.
Vielleicht beginnt dein persönlicher Weg möglicherweise genau dort, wo du aufhörst, dich zu verbiegen.

Du musst kein anderer Reiter werden.
Aber vielleicht darfst du anfangen, der Reiter zu sein, der du bist.

Es gibt nicht den einen richtigen Reiter

Es existiert ein implizites Bild davon, wie ein »richtiger« Reiter zu sein hat. Es wird selten offen ausgesprochen, ist aber spürbar: in Sprüchen, Blicken, Erwartungen. In dem, was im Unterricht als »normal« gilt. In der Idee, wie schnell man wieder »funktionieren« soll. Häufig lautet die Botschaft: »Sei souverän.« Sei belastbar. Sei unempfindlich. Mach weiter und lass dir nichts anmerken.

Historisch ist das nachvollziehbar. Viele Reitkonzepte entstanden in Kontexten, in denen Anpassung und Funktionieren zentral waren: Militär, höfische Ausbildung, später Leistungssport. Der Reiter wurde als steuernde Instanz gedacht; sein Innenleben spielte keine Rolle, solange er seine Aufgabe erfüllte. Dieses Denken wirkt bis heute nach. Viele Konzepte gehen implizit von einem »Normreiter« aus: jemand, der Reize gut ausblendet, Anweisungen schnell umsetzt, unter Druck handlungsfähig bleibt, sein Nervensystem zuverlässig reguliert – und sich in angespannten Situationen »einfach entspannen« kann. Das Problem ist nicht, dass dieses Modell grundsätzlich falsch wäre. Für manche Menschen funktioniert es. Das Problem ist, dass es nicht für jeden gilt.

Menschen verarbeiten Stress, Reize und Anforderungen sehr unterschiedlich. Nicht jedes Nervensystem bleibt ruhig, wenn viele Eindrücke gleichzeitig einwirken. Nicht jeder Mensch kann Informationen filtern, wenn Druck entsteht. Und nicht jeder wird mutiger, wenn man ihn fordert. Manche werden dadurch nur angespannter.

Gerade beim Reiten ist das entscheidend. Das Pferd reagiert nicht auf das, was wir uns vornehmen, sondern auf das, was in uns tatsächlich passiert, und die Kongruenz oder Inkongruenz zu dem, was wir nach außen zeigen. Es reagiert auf unseren Muskeltonus, unsere Atmung, unseren Herzschlag und auf unsere Stresshormone. Wenn wir versuchen, einer Rolle zu entsprechen, die uns innerlich überfordert (also inkongruent sind), entsteht ein Spannungszustand, der sich unmittelbar auf das Pferd übertragen kann. Wir haben bereits gesehen, dass Pferde individuell unterschiedlich darauf reagieren.

Vielleicht kennst du das auch: Du sitzt auf, und objektiv betrachtet ist nichts Dramatisches los. Dein Pferd ist brav und gelassen, die Situation überschaubar. Und trotzdem spürst du innerlich Druck. Du möchtest funktionieren und du möchtest nicht auffallen. Du möchtest es »endlich hinter dir haben« und später bist du froh, wenn du endlich absteigen »darfst« und nichts passiert ist.

Angst entsteht auch aus innerem Widerspruch.
Wenn ein Teil von dir sagt: »Das ist mir gerade zu viel«, und ein anderer Teil sagt: »Ich muss aber.«

Je eher du dir erlaubst, deinen eigenen Zugang zu finden, desto weniger musst du gegen dich selbst kämpfen. Niemand sagt, dass dies leicht ist. Aber je eher du merkst, was dir leichtfällt, und je eher du dir eingestehst, was dich überfordert, desto eher kannst du Maßnahmen ergreifen, die es leichter machen.

Du musst nicht werden wie »die anderen«.
Es gibt nicht den einen Weg, richtig zu reiten, und es gibt nicht den einen Weg, mutig zu sein.

Mut ist nicht die Abwesenheit von Angst; Mut ist oft, es trotzdem zu machen. Mut ist es aber auch, auf sein System zu hören und zu sagen: »Ich ändere den Rahmen, statt mich selbst zu verbiegen.«

Du darfst einen Weg finden, der zu dir und zu deinem Pferd passt.

Neurodivergenz als Erklärungsmodell

Wenn wir akzeptieren, dass es nicht den einen richtigen Reiter gibt, stellt sich eine weitere Frage fast zwangsläufig. Warum reagieren Menschen auf vergleichbare Situationen so unterschiedlich? Warum bleibt der eine innerlich stabil, während ein anderer unter denselben Bedingungen stark unter Druck gerät, obwohl Erfahrung, Können und äußere Umstände ähnlich sind?

Ein möglicher Erklärungsrahmen dafür ist das Konzept der Neurodivergenz. Es beschreibt, dass menschliche Gehirne Informationen unterschiedlich verarbeiten. Dazu zählen unter anderem Menschen mit ADHS, im Autismus-Spektrum oder Hochbegabung. Gemeinsam ist ihnen eine oft erhöhte Reizoffenheit, eine intensive Wahrnehmung und ein Nervensystem, das schneller auf Überforderung reagiert.

In diesem Zusammenhang ist mir eine begriffliche Klarstellung wichtig. Der Begriff Hochsensibilität wird heute sehr häufig verwendet und beschreibt reale Erlebensweisen: eine intensive Wahrnehmung, eine hohe Reizoffenheit, ein starkes emotionales Mitschwingen und eine schnelle Überforderung bei zu vielen gleichzeitigen Eindrücken.

Gleichzeitig ist Hochsensibilität keine eigenständige medizinische oder neurobiologische Diagnose, sondern beschreibt ein Merkmal. In meiner Erfahrung und in vielen aktuellen fachlichen Diskussionen zeigt sich, dass diese Sensitivität häufig Teil eines neurodivergenten Profils ist, etwa bei ADHS, Autismus oder Hochbegabung, aber auch im Kontext komplexer Traumafolgen.

Als alleinstehende Erklärung greift der Begriff daher oft zu kurz. Für ein tieferes Verständnis und für nachhaltige Veränderung ist es hilfreicher, das gesamte neurodivergente Verarbeitungssystem mitzudenken, statt bei einem einzelnen Etikett stehenzubleiben.

ADHS, Autismus und andere Neurodivergenzen werden im medizinischen Kontext den Behinderungen zugeordnet, während Hochbegabung sprachlich eher als Gegenpol wahrgenommen wird. Gleichzeitig bewegen sich alle diese Profile auf einem weiten Spektrum mit sehr unterschiedlichen Ausprägungen – daher auch der Begriff Autismus-Spektrum. Nicht jede Person mit ADHS oder Autismus erlebt sich als behindert, ebenso wenig ist jede hochbegabte Person frei von Einschränkungen, Überforderung oder Anpassungsleistung.

Viele neurodivergente Menschen »hören mehr, sehen mehr, spüren mehr«. Das kann eine große Stärke sein, unter Druck jedoch schneller zu Überlastung führen. Dann schaltet das Nervensystem eher auf Schutz als auf Konzentration.

Je nach Nervensystem und individueller Veranlagung kann diese Überlastung sehr unterschiedlich erlebt werden, häufig geht sie mit Angst einher. Manche Menschen reagieren mit innerem Erstarren oder Rückzug, wirken plötzlich ruhig, leer oder »nicht mehr richtig da«. Das hast du im Buch bereits als »Freeze« und »Dissoziation« kennengelernt.
In der neurodivergenten Community wird für diesen Zustand auch der Begriff »Shutdown« verwendet.
Ein »Meltdown« hingegen ist ein Zustand, in dem das Nervensystem keine Regulation mehr leisten kann. Reize, Emotionen und Spannungen entladen sich ungefiltert aus Überforderung und wirken nach außen wie eine Überreaktion.

Beide Reaktionen sind Schutzmechanismen eines Systems, das versucht, mit zu viel gleichzeitig umzugehen. Sie werden jedoch häufig missverstanden, etwa als Unwille oder Überreaktion. Und nicht selten bekommen die betroffenen Mädchen oder Frauen den Stempel »Dramaqueen« verpasst.

Neurodivergenzen sind insbesondere bei Mädchen und Frauen bis heute stark unterdiagnostiziert. Viele Mädchen und Frauen fallen nicht durch auffälliges Verhalten auf, sondern durch Anpassungsfähigkeit. Sie beobachten genau, was erwartet wird, und versuchen, diesen Erwartungen zu entsprechen (das nennt man auch Maskieren). Die Folgen dieser Anpassungsleistung zeigen sich oft erst später in Erschöpfung, in wachsender Unsicherheit und Ängsten oder in dem Gefühl, ständig über die eigenen Grenzen zu gehen oder auch, dass diese Grenzen von anderen ignoriert werden. Oft ignorieren sie auch Körpersignale oder halten länger durch, als es gut wäre. Das funktioniert oft über lange Zeit. Bis es irgendwann nicht mehr funktioniert.
Manche entdecken ihre Neurodivergenz erst in Phasen hormoneller Umbrüche wie der Perimenopause, wenn bisherige Kompensationsstrategien nicht mehr greifen. Andere beginnen sich damit zu beschäftigen, wenn ein Kind diagnostiziert wird und sie darauf gestoßen werden, weil Neurodivergenz eine hohe erbliche Komponente hat und/oder sie Parallelen zu sich selbst entdecken.

Schätzungen aus der neurodiversitätsbezogenen Forschung gehen davon aus, dass etwa 15 bis 20 % der Menschen neurologisch unterschiedlich funktionieren – also neurodivergent im weitesten Sinne sind. Viele Mädchen und Frauen werden im klassischen diagnostischen System nicht erkannt, weil gängige Kriterien eher auf männliche Ausprägungen ausgelegt sind, obwohl sie beim weiblichen Geschlecht anders aussehen. Studien weisen darauf hin, dass ADHS, Autismus und Hochbegabung bei Jungen deutlich häufiger diagnostiziert werden als bei Mädchen, obwohl sie statistisch gesehen bei Jungs und Mädchen ca. gleich häufig auftauchen müssten.

Aus meiner eigenen Praxis kann ich das nur bestätigen. In zehn Jahren therapeutischer Arbeit begegnete mir nur jeweils eine Frau, bei welcher AD(H)S oder Hochbegabung diagnostiziert war. Keine kam je in meine Praxis und sagte, sie hätte eine Autismusdiagnose oder eine Kombination mehrerer diagnostizierter Neurodivergenzen. Betrachtet man die statistische Häufigkeit, passt das nicht zusammen – insbesondere nicht in einer psychotherapeutischen Praxis. Bei vielen neurodivergenten Mädchen und Frauen wird zuerst die Diagnose Angststörung gestellt. Sie ist eine klassische Fehldiagnose bei den Betroffenen, weil Angst bei neurodivergenten Frauen ein – oftmals gut greifbares und sichtbares – Symptom unter mehreren ist und bei weitem nicht alle Diagnostiker die unterschiedlichen Neurotypen auf dem Schirm haben.

Insbesondere ADHS wird zurzeit gelegentlich als »Modediagnose« abgetan. Tatsächlich hat sich weniger die Häufigkeit neurodivergenter Veranlagungen verändert als vielmehr der Zugang zu Informationen und Erfahrungsberichten. Gerade über soziale Medien finden viele Frauen erstmals Worte für innere Zustände, die sie ihr Leben lang begleitet haben: hohe Anpassungsleistung, dauerhafte Überforderung, das Gefühl, anders zu sein, ohne erklären zu können, warum. Daraus entsteht nicht der Wunsch nach einem Etikett, sondern nach Verstehen.
Übrigens tauchen ADHS und Autismus statistisch gesehen recht gehäuft gemeinsam auf; das spiegelt sich jedoch zurzeit nicht in der Anzahl der Diagnosen im deutschsprachigen Raum wider.

Meine Hochbegabungsdiagnose kam erst im Erwachsenenalter. Sie erklärte vieles, aber nicht alles.

Später wurde mir klar, dass mein Profil komplexer ist und auch Anteile von ADHS und Autismus umfasst. Diese Erkenntnis war eine Entlastung. Sie half mir, meine Reaktionen, meine Überforderung und auch meine Ängste besser einzuordnen.

Die Diskrepanz zwischen statistischer Präsenz und Diagnoseraten macht es plausibel, dass auch im Reitsport viele Reiterinnen neurodivergent sind – oft ohne es zu wissen.

Im Klischee brennen autistische Jungen für Züge oder technische Systeme und zeigen auffälliges Verhalten; autistische Mädchen hingegen haben ihr intensives Interesse oft in einem sozial akzeptierten Feld – häufig bei Tieren und Pferden. Sie wissen enorm viel über »ihr« Thema, wirken im sozialen Umgang angepasst und freundlich und werden eher als schüchtern oder gewissenhaft beschrieben, und gerade deshalb lange nicht erkannt.

Pferde spielen somit für viele neurodivergente Mädchen und Frauen eine wichtige Rolle. Sie geben klare, ehrliche Rückmeldungen, reagieren auf Stimmigkeit statt auf soziale Masken und ermöglichen Nähe und Beziehung ohne die oft komplexen Regeln menschlicher Kommunikation.

In der Neurodiversitätsforschung spricht man hier von einem sogenannten Spezialinteresse. Damit ist ein Thema oder Tätigkeitsfeld gemeint, zu dem eine besonders tiefe, oft lebenslange innere Bindung besteht. Es wirkt regulierend, strukturierend und sinnstiftend. Es hilft, zur Ruhe zu kommen, sich zu fokussieren, Sicherheit zu erleben und sich selbst besser zu spüren.
Im Pferdekontext geht dieses Interesse häufig weit über das eigentliche Reiten hinaus. Dann wird auch viel theoretisches Wissen zu Training, Fütterung,

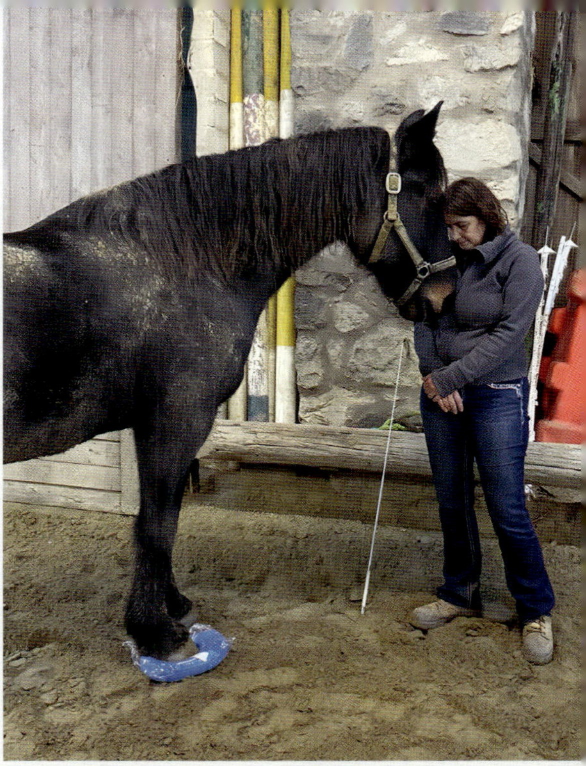

Pferdezeit bedeutet auch ankommen in einem inneren Zuhause – mehr als es eine Wohnung oder ein Haus je bieten könnte.

Unter Pferden fühlt man sich nicht wie ein »Alien«.

Manchmal sollten wir uns auch Ruhe gönnen.

Körperarbeit, Ausrüstung, Verhalten, etc. abgespeichert. Der Kontakt zum Pferd vermittelt Klarheit, Verbundenheit und Sinn, manchmal stärker als viele menschliche Beziehungen. Zeit mit dem Pferd wirkt regulierend – auch dann, wenn der restliche Alltag anstrengend oder überfordernd ist.
Gleichzeitig liegt genau darin auch eine besondere Verletzlichkeit. Viele Frauen und Mädchen fühlen sich das erste Mal im Zusammensein mit dem Pferd stimmig.

Wenn dieser innere Ankerpunkt durch ein belastendes Erlebnis oder Überforderung angstbesetzt wird, geht auch ein wichtiger innerer Stabilitätsfaktor verloren. Viele Betroffene erleben dann nicht nur Angst im Sattel, sondern eine tiefere Verunsicherung – manchmal sogar das Gefühl, ein inneres Zuhause verloren zu haben.

Vielleicht erkennst du dich darin wieder. Vielleicht fühlt sich die Angst deshalb nicht nur wie eine Blockade an, sondern wie etwas, das dir etwas Elementares weggenommen hat.

Wenn wir beginnen zu verstehen, wie unterschiedlich Nervensysteme arbeiten, verändert sich auch der Blick auf Angst. Sie wird dann mehr zu einem Hinweis darauf, dass etwas im Rahmen, im Tempo oder in den Anforderungen gerade nicht zu dir passt. Angst kann dann auch zu einem Barometer für Stress und Grenzüberschreitungen werden.

Typische Stolpersteine im Reitalltag

Viele neurodivergente Reiterinnen erkennen häufig erst im Rückblick das eigentliche Problem, was ihre Angst verstärkt oder auch getriggert hat. Bei manchen meiner Klientinnen verschwand der letzte Angstrest nach einem Stall- oder Trainerwechsel. Lange hatten sie sich selbst nicht eingestehen können, wie sehr die Gegebenheiten an ihnen nagten und wie unwohl sie sich im Stall, mit Miteinstellern, Stallbetreiber oder Trainern fühlten.

Trainerkommunikation und implizite Erwartungen

Anweisungen werden häufig knapp gegeben, Rückmeldungen eher korrigierend als erklärend. Für manche Menschen funktioniert das gut. Für andere erzeugt es inneren Druck.

Fein wahrnehmende Reiterinnen spüren nicht nur die sachliche Information einer Anweisung, sondern auch Tonfall, Körpersprache, unausgesprochene Erwartungen und mögliche Bewertungen. Ein Satz wie »Da musst du jetzt einfach durch« kann innerlich ganz unterschiedlich ankommen, je nach persönlicher Erfahrung, Nervensystem und aktueller Belastung.

Da viele Reiterinnen gelernt haben, Erwartungen zu erfüllen und sich anzupassen, statt Rückfragen zu stellen oder eigene Bedürfnisse zu formulieren, reiten sie vielleicht weiter, obwohl sie innerlich längst unsicher oder überfordert sind.
So entstehen schnell Missverständnisse. Was als Motivation gemeint ist, wird als Druck erlebt. Was als sachliche Korrektur gedacht ist, fühlt sich wie Kritik an. Das Nervensystem geht in Alarm, noch bevor der Verstand die Situation einordnen kann, und zack – ist sie da, die Angst.

Stallkultur und soziale Dynamik

Ein Stall ist nicht nur ein Ort für Pferde – er ist ein soziales System. Es gibt implizite Regeln, unausgesprochene Hierarchien, Vergleiche und Rollenbilder. Wer darf was? Wer gilt als kompetent? Wer »darf« vorsichtig sein – und wer nicht?
Viele Reiterinnen spüren diese Dynamiken sehr deutlich, auch wenn sie nicht offen ausgesprochen werden. Blicke, Kommentare, Witze, gut gemeinte Ratschläge oder subtile Bewertungen können innerlich Druck erzeugen. Besonders dann, wenn man ohnehin schon unsicher ist oder an sich zweifelt.
Der Wunsch, dazuzugehören, nicht aufzufallen oder niemanden zu enttäuschen, führt oft dazu, dass eigene Grenzen übergangen werden oder die Reiterin es vermeidet, um Unterstützung zu bitten.
Für ein sensibles Nervensystem kann diese dauerhafte soziale Anspannung genauso belastend sein wie körperlicher Stress.

Reizdichte, Multitasking und Zeitdruck

Ställe sind selten reizarme Orte. Viele Geräusche, Gespräche, wechselnde Lichtverhältnisse, Gerüche und Bewegungen wirken gleichzeitig auf das Nervensystem ein.

Hinzu kommt oft Zeitdruck: Zwischen Arbeit, Familie, Verpflichtungen und Stall soll alles effizient funktionieren. Pferd putzen, satteln, reiten, versorgen, möglichst ohne Verzögerung. Multitasking verstärkt diesen Effekt. Gespräche nebenbei, organisatorische Absprachen, ständige Unterbrechungen – das Nervensystem gerät so in eine Daueranspannung, selbst wenn man sich eigentlich auf das Pferd oder Reiten konzentrieren möchte.

Fehlende individuelle Anpassung

Gerade neurodivergente Reiterinnen profitieren von klaren Strukturen, vorhersehbaren Abläufen, Pau-

Ein Stall ist ein Ort für Pferde und so viel mehr

sen, reizreduzierten Settings und einem individuell passenden Tempo.
Oft versuchen sie jedoch eher, sich selbst anzupassen, statt den Rahmen zu verändern. Das kostet langfristig viel Energie und verstärkt die Wahrscheinlichkeit von Überforderung und Angst.

Wenn du dich in einigen dieser Punkte wiedererkennst, bedeutet das nicht, dass mit dir etwas nicht stimmt. Es bedeutet, dass dein Nervensystem unter Bedingungen arbeitet, die ihm wenig Unterstützung bieten.

Die gute Nachricht ist: Rahmen und Reize lassen sich gestalten und Sicherheit lässt sich bewusst aufbauen. Frag dich einmal, wie wohl du dich im Stall selbst fühlst. Stressen dich die Menschen dort? Fühlst du dich manchmal überreizt? Ist Stallzeit ein Pflichttermin, der zwischen andere Termine geschoben wird? Fühlst du dich nach einem Besuch bei deinem Pferd erschöpft oder hast Kopfschmerzen? Wenn du eine dieser Fragen mit Ja beantwortest, ist es Zeit etwas zu ändern, um deinem Nervensystem zu helfen sich zu regulieren.

Reizreduktion an »Mut-Tagen«

Wenn du bewusst aus der Komfortzone gehst, lohnt es sich, an anderer Stelle Reize zu reduzieren, um für dein Nervensystem Kapazität freizuschaufeln.

- möglichst ruhige Stallzeiten wählen
- lieber 20 gute Minuten als 60 Minuten durchhalten
- Ablauf planen (Ankommen → Putzen → kurze Pause → Reiten → Abschluss)
- Gestalte den Rest deines Tages bewusst »langweilig« und reizarm. Iss keine »Geschmacksexplosionen«, sondern Lebensmittel und Gerichte, die immer gehen (safe foods). Trage hauptsächlich Kleidung, die du als echt bequem empfindest, und die dich nicht stört. Trag Kopfhörer, wenn dich Geräusche triggern.
- Trage auch nur bequeme Reitklamotten, die dich nicht einengen, und zieh die neuen Reitstiefel lieber zu einem anderen Zeitpunkt im Unterricht an.
- Nutze Stimming bewusst vor und nach deinem Ritt.

Je weniger dein System gleichzeitig verarbeiten muss, desto einfacher sind Herausforderungen

Regulation vor Exposition

Ein zentraler Hebel liegt in der bewussten Reduktion von Sinnesreizen, insbesondere dann, wenn du dich ohnehin außerhalb deiner Komfortzone bewegst oder neue Schritte wagst.

Viele neurodivergente Menschen nutzen Hilfsmittel, um ihr Nervensystem zu stabilisieren.

Insbesondere an Tagen, an denen du dich aus deiner Komfortzone herausbewegen willst, macht es Sinn, dein Nervensystem zu entlasten.

Stimming – wenn der Körper sich selbst reguliert

Viele Menschen (neurodivergente Menschen oftmals häufiger) nutzen – oft ganz unbewusst – kleine rhythmische oder repetitive Bewegungen, um ihr Nervensystem zu regulieren. In der Fachsprache spricht man hier von Stimming (self-stimulatory behavior).

Das kann ganz unterschiedlich aussehen: mit den Haaren oder Fingern spielen, den Ring am Finger drehen, mit der Halskette spielen, mit dem Fuß wippen, auf dem Zettel kritzeln, um besser zuhören zu können, summen, schaukeln, über eine bestimmte Oberfläche streichen, kauen, rhythmisch atmen oder sich sanft bewegen. Von außen wirkt das manchmal unscheinbar oder wird gesellschaftlich sogar als »nervös« oder »ungewöhnlich« bewertet, wenn es deutliche Stims sind, wie z. B. mit den Händen flattern. Auch selbstverletzendes Verhalten kann ein Stim sein, wie Nägelkauen oder Hautfetzen abpulen. Wenn es die Funktion hat, das Nervensystem zu regulieren, ist es umso schwieriger, es sich einfach abzugewöhnen. Dann ist es sinnvoller, dieses Verhalten durch einen anderen Stim zu ersetzen.

Stimming ist also eine sehr intelligente Form von Selbstregulation. Der Körper nutzt rhythmische, vorhersehbare Reize, um Spannung abzubauen, sich zu orientieren und innere Stabilität herzustellen. Gerade bei hoher Reizbelastung oder emotionaler Anspannung kann Stimming helfen, im eigenen Körper zu bleiben, statt in Überforderung oder Dissoziation zu kippen.

Viele Menschen haben gelernt, diese Impulse zu unterdrücken, um nicht aufzufallen oder »sich zusammenzureißen«. Dadurch geht jedoch eine wichtige Regulationsmöglichkeit verloren. Wenn du dir erlaubst, solche Bewegungen bewusst zu nutzen, kann dein Nervensystem deutlich schneller wieder in Ruhe finden.

Der Weg aus der Angst führt deshalb nicht nur über Technik, Training oder mentale Strategien. Er führt auch über die Rückverbindung zu dir selbst:

Was tut mir gut?
Was überfordert mich?
Was gibt mir Sicherheit? Und was kostet mich Kraft?
Wie viel Tempo brauche ich wirklich?
Wie viel Struktur und wie viel Freiheit?

Wie du innerlich mit dir selbst umgehst, bestimmt auch, wie sicher oder unsicher du dich fühlst. Viele Reiterinnen sind sehr verständnisvoll, geduldig und unterstützend mit anderen, aber erstaunlich streng, fordernd oder kritisch mit sich selbst.

Wenn du merkst, dass du innerlich Druck aufbaust oder dich abwertest, lohnt sich ein kurzer Perspektivwechsel:

Was würde ich jetzt einer guten Freundin sagen, die sich unsicher fühlt?

Stimming im Stall

Wenn du etwas suchst, das im Stall gut funktioniert (und wenig auffällt), sind das bewährte Möglichkeiten:

Mit den Händen/taktil

- **Stimming-Ringe oder strukturierte Ringe drehen**
- **Kleine Fidget-Roller oder Kugelroller bewegen**
- **Silikon-»Bubble«-Figuren (wie wiederverwendbare Bubblewraps) drücken**
- **Einen glatten Stein, Schlüsselanhänger oder Karabiner in der Tasche reiben**

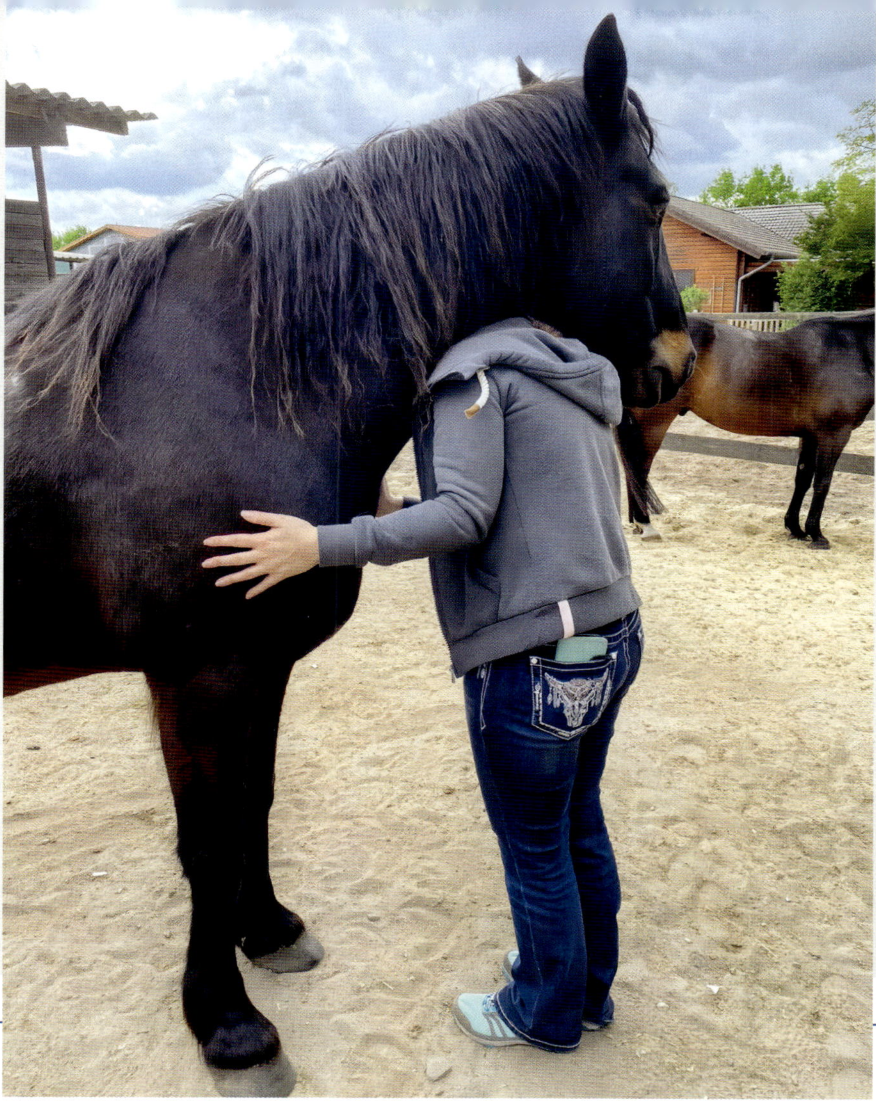

- Unterschiedliche Stoffstrukturen an Handschuhen oder Kleidung bewusst spüren

Mit Bewegung/Rhythmus

- Leichtes Wippen oder Schaukeln beim Putzen oder Satteln
- Rhythmisches Gewichtsverlagern im Stand
- Gleichmäßige, wiederholte Bewegungen beim Putzen bewusst nutzen

Mit Mund/Atmung

- Kaugummi kauen oder ein kleines, vertrautes Snackelement (»safe snack«)
- Rhythmisches Ausatmen (z. B. länger aus als ein)
- Summen oder leises Tönen, wenn es passt

Du musst das nicht sichtbar machen. Es reicht, wenn dein Nervensystem merkt, dass es sich regulieren kann.

Gitano sieht etwas sehr Beunruhigendes und wird gleich versuchen, sein Nervensystem zu regulieren indem er weiter kaut. Die typischen umweltbasierten Stereotypen wie Koppen, Weben, Pacen sind Stimming sehr ähnlich und sind auch Regulationsmechanismen, um das Nervensystem zu beruhigen.

Behandle dich so, wie du deine beste Freundin behandeln würdest – mit Respekt und Wohlwollen.

Viele Reiterinnen merken, dass sich ihr Gefühl beim Reiten spürbar verändert, wenn sie beginnen, ihren eigenen Bedürfnissen mehr Raum zu geben: wenn sie Pausen zulassen, Reize reduzieren, ihr Tempo anpassen, sich selbst nicht permanent unter Druck setzen, sondern sich selbst mit Freundlichkeit begegnen.

Dabei geht es nicht darum, sich vor jeder Herausforderung zu schützen oder dauerhaft in der Komfortzone zu bleiben. Denn ganz ohne Entwicklung lassen sich Ängste nicht überwinden. Aber du musst kein anderer Mensch werden, um sicher zu reiten. Wenn dein Nervensystem sich sicher fühlt, entsteht Raum für Entwicklung, für echte Verbindung – und für Freude am Reiten. So wie du sie damals gespürt hast, als die Liebe zu den Pferden dich zum Reiten gebracht hat.

Für das Nervensystem macht diese innere Haltung einen spürbaren Unterschied. Selbstachtung wirkt regulierend. Sie senkt Grundspannung, schafft Vertrauen und unterstützt Lernprozesse deutlich nachhaltiger als Selbstkritik oder innerer Zwang.

Übung Selbstliebe und Selbstakzeptanz

Du kannst Dir auch die Zukunftsvision als MP3 anhören

Höre dir gerne diese Hypnose für Selbstliebe und Selbstachtung an. Für eine optimale Wirkung empfehle ich, sie einmal täglich für mindestens eine Woche zu hören.

Selbstliebe und Selbstakzeptanz Dauer: 20 Minuten

>>> Wenn deine äußeren Anforderungen wieder mit deiner inneren Wirklichkeit übereinstimmen, muss dein Nervensystem nicht mehr ständig gegensteuern.

>>> Reiterpersönlichkeit ist kein Ziel, das man erreicht. Sie ist ein Prozess des Sich-selbst-Ernst-Nehmens.

Reiterpersönlichkeit wächst dort, wo du dir erlaubst, du selbst zu sein.

3.6 Und jetzt? Dein Fahrplan für die nächste Zeit

Vielleicht bist Du nach dem Lesen des Buches ein wenig erschlagen von der Fülle der Informationen. Aber keine Sorge, Rom wurde auch nicht an einem Tag erbaut, und Du musst auch nicht alles sofort und gleichzeitig umsetzen. Erinnere Dich an Beppo, den Straßenfeger, in »Momo« von Michael Ende. Er hatte diese ewig lange Straße zu fegen, aber er dachte nicht an die gesamte Strecke. Er konzentrierte sich auf jeden Schritt und Bürstenstrich. Dieser vermeintlich kleine Dreh in der Sicht auf die Dinge hat eine riesengroße Wirkung, und ich wünsche mir, dass Du Dir auf Deinem Weg an Beppo ein Beispiel nimmst.

Setze einfach einen Fuß vor den anderen und bleibe bei der Sache bzw. bei dem, was Du tust. Wenn Du merkst, es fällt Dir leicht, nimm eine weitere Sache hinzu. Nachdem Du einige Zeit mit der Selbsthypnose und den anderen Übungen gearbeitet hast, überprüfe anhand der Skala von 1 bis10, wie Deine Angst sich verändert hat. Erinnerst Du Dich an Deine Notiz, in der Du Deine Angstsymptome bewertet hast? Hole sie ab und an hervor, um Deine Fortschritte zu überprüfen. Das solltest Du maximal alle 14 Tage machen. Auch Dein Pferd wird Dir anzeigen, wie gut es Dir gelingt, Deine Ängste einzudämmen.

Keine Sorge, auch Du wirst Dich auf Deinem Pferd entspannen können.

Dein Fahrplan

Dein Fahrplan: Schritt 1

Beginne mit Selbsthypnose. Es ist wichtig, dass Du einen sicheren Ort findest. Denke auch tagsüber immer wieder an diesen Ort und stell Dir das Licht um Dich herum vor. Stell Dir etwas in der Farbe des Lichts dorthin, wo Du oft hinsiehst, und übe den weichen Blick und die Kugel immer dann, wenn Dir der Gegenstand auffällt. Denke in diesem Moment auch immer an Deinen sicheren Ort und das Licht. Das tust Du auch dann, wenn Du an Deine Ängste denkst oder zu zweifeln beginnst. Und natürlich auch, wenn Du zu Deinem Pferd fährst, vor dem Aufsteigen, danach und auch beim Reiten immer wieder. Dies solltest Du die ersten Wochen täglich ausüben. Höre auch die MP3 »Situationen meistern« (siehe Seite 111) für mindestens eine Woche einmal täglich.

Die meisten Leser werden wahrscheinlich nur diesen ersten Schritt brauchen, damit sich für sie Erfolge einstellen. Wenn Du Dir unsicher bist oder einen Rückfall hast, mache mit den anderen Schritten weiter.

Dein Fahrplan: Schritt 2

In Trance gehst Du vom sicheren Ort in einen sicheren Moment in Deiner Vergangenheit und in einen Moment, in dem Dir etwas erfolgreich gelungen ist. Die Gefühle nimmst Du mit zurück an Deinen sicheren Ort. Dort werden sie Teil des Lichts.

Dein Fahrplan: Schritt 3

Als nächstes mache eine Blockadenlösung in Selbsthypnose. Diese führst Du nur einmal durch, und zwar dann, wenn Du das Gefühl hast, einen guten, sicheren Ort gefunden zu haben. Danach gehst Du zu Schritt 1 zurück.

Dein Fahrplan: Schritt 4

Erschaffe Dir in Trance von Deinem sicheren Ort aus eine Zukunftsvision. Nimm die Gefühle davon mit an Deinen sicheren Ort und lass sie Teil des Lichts werden. Geh zu Schritt 1 zurück.

Dein Fahrplan: Schritt 5

Gehe täglich in Selbsthypnose und arbeite mit positiven Suggestionen, höre auch die MP3 »Situationen meistern« immer wieder. Stell Dir etwas in der Farbe des Lichts dorthin, wo Du oft hinsiehst, und übe den weichen Blick und die Kugel immer dann, wenn Dir der Gegenstand auffällt. Denke dann jeweils an Deinen sicheren Ort und das Licht. Das tust Du auch immer dann, wenn Du an Deine Ängste denkst oder zweifelst. Und natürlich auch, wenn Du zu Deinem Pferd fährst, vor dem Aufsteigen, danach und auch beim Reiten immer wieder.

Wenn soweit alles gut funktioniert, kannst Du ganz langsam beginnen, die MP3 seltener anzuhören bzw. nicht mehr täglich Selbsthypnose zu machen. Gehe immer wieder gedanklich an Deinen sicheren Ort, wenn Du beim Reiten unsicher werden solltest. Weicher Blick und Kugel sind Übungen, die Du für den Rest Deines Reiterlebens implementieren solltest.

Schlusswort

Ich habe Dir in diesem Buch sehr viele Informationen gegeben, nun liegt es an Dir, auszuprobieren, was für Dich gut funktioniert, um Deine Gedanken umzuleiten und Dich regelmäßig in Selbsthypnose zu üben. Ich hoffe, die Audio-Dateien und Video-Sequenzen helfen Dir bei der Umsetzung.

Ich habe mich bemüht, alle Probleme aufzuführen, die mir bislang in meiner Arbeit begegnet sind. Es kann natürlich sein, dass ich auf Dein spezielles Problem nicht eingegangen bin. Sollte das so sein, tritt doch der Facebook-Gruppe zum Buch bei »Wege aus der Angst beim Reiten – Equihypnose«, dort beantworte ich Fragen in Live-Videos und Du kannst Dich mit anderen Leser*innen austauschen oder schreibe mir gerne eine E-Mail: Nicole@performabilityllc.com

Ich werde mich bemühen, Dir weiterzuhelfen, wenn dies schriftlich möglich ist.

Du kannst Dich auch gerne an mich wenden, wenn Du einen Kurs organisieren oder einzeln mit mir arbeiten möchtest.

Ich würde mich riesig freuen, von Deinen Erfolgen zu lesen. Schreib mir gerne, was Du auf Deinem Weg erlebt hast.

Ich wünsche Dir von Herzen viel Erfolg auf Deinem weiteren Weg und jederzeit viel Freude mit Deinem Pferd.

Alles Liebe,
Deine Nicole Weber

Kontakt der Autorin:

Nicole@performabilityllc.com

www.equihypnose.com

Literaturverzeichnis

Czarnecki, Sylvia. Ehrlich motiviert!: Positives Training mit Pferden. Cadmos, 2017

Dunning, Angela. The Horse Leads the Way: Honoring the True Role of the Horse in Equine Facilitated Practice. YouCaxton Publications, 2017

Ende, Michael. Momo. Piper, 2009

Freud, Sigmund. Gesammelte Werke. Anaconda Verlag, 2014

Hallberg, Leif. The Clinical Practice of Equine-Assisted Therapy: Including Horses In Human Healthcare. Routledge, 2018

McCormick, Adele von Rüst and Marlena Deborah McCormick. Horse Sense and the Human Heart: What Horses Can Teach Us About Trust, Bonding, Creativity and Spirituality. Health Communications, Inc., 1997

Roth, Gerhard und Nicole Strüber. Wie das Gehirn die Seele macht. Klett-Cotta, 2014

Shambo, Leigh, David Young und Catherine Madera. The Listening Heart: The Limbic Path Beayond Office Therapy. Human-Equine Alliances for Learning (HEAL), 2013

Swift, Sally. Reiten aus der Körpermitte, Band 1: Pferd und Reiter im Gleichgewicht. Müller Rüschlikon, 2017

Swift, Sally. Reiten aus der Körpermitte, Band 2: Perfektion im Sattel. Müller Rüschlikon, 2017

Waldo, Andrea Monsarrat. Brain Training for Riders: Unlock Your Riding Potential with Stressless Techniques for Conquering Fear, Improving Performance, and Finding Focused Calm. Trafalgar Square Books, 2016

Wild, Jenny und Peer Claßen. Übungsbuch Natural Horsemanship. Kosmos, 2016

Wild, Jenny und Peer Claßen. Die Persönlichkeit meines Pferdes erkennen, verstehen, fördern. Kosmos, 2019

WEITERE INTERESSANTE

PFERDEBÜCHER

Michaela Kronenberger

Selbstvertrauen stärken – Selbstsicher reiten
Angstgefühle und Nervosität überwinden

192 Seiten, 120 Bilder
ISBN 978-3-275-02321-9
€ 24,90 / € (A) 25,60

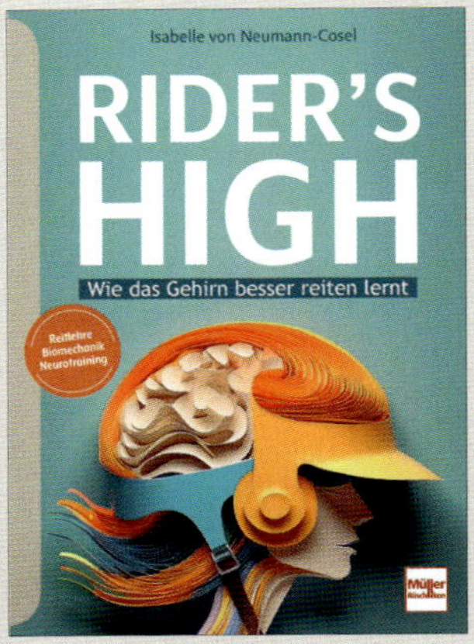

Isabelle von Neumann-Cosel

RIDER'S HIGH
Wie das Gehirn besser reiten lernt

224 Seiten, 200 Bilder
ISBN 978-3-275-02350-9
€ 34,90 / € (A) 35,90

Michaela Kronenberger

Mindset wie ein Champion
Mentale Erfolgsgeheimnisse der Besten in Dressur, Springen, Vielseitigkeit, Voltigieren

192 Seiten, 100 Bilder
ISBN 978-3-275-02353-0
€ 29,90 / € (A) 30,80

Antje Heimsoeth

Mentaltraining für Reiter

192 Seiten, 220 Bilder
ISBN 978-3-275-02285-4
€ 24,90 / € (A) 25,60

CAVALLO
Wo Leidenschaft Zügel bekommt
DER NEUE STANDARD
Cavallo mit dauerhaft größerem Umfang
CAVALLO
Richtungsweisend: Klare Wege im Viereck finden
DOSSIER
Wie Reiten uns gesund hält
Die enormen Effekte für Körper und Kopf
Faszinierende Trakehner
Was die Pferderasse bis heute besonders macht
Pferdemedizin im Wandel
Irrtümer & neues Wissen über wichtige Krankheiten
Positiv reiten
Wie Falk Stankus Sport, Ausbildung und Pferdewohl in Einklang bringt
Impulse für den Pferdesport
Neuer Turnier-Check von R-haltenswert
FREIRAUM-TRAINING MIT TANIA KONNERTH
Mehr Nähe zum Pferd
DER ETWAS ANDERE WEG ZU
feiner Kommunikation
hoher Motivation
gesunden Bewegungen
Jeden Monat neu erhältlich
Als Print-Ausgabe und E-Paper verfügbar
Voller Wissen, Geschichten und Inspiration rund ums Pferd